JN009323

演習

アカデミックスキルとしての ICT活用

第2版

注意

ご購入・ご利用の前に必ずお読みください。

■本書の内容について
本書に記載された内容は、情報の提供のみを目的としています。したがって、本書を用いた運用は、必ずお客様自身の責任と判断によっておこなってください。これらの情報の運用の結果について、技術評論社および著者はいかなる責任も負いません。

■本書で使用する OS と Office のバージョンについて
本書に掲載している画面キャプチャ、操作の表記は、Windows10、Office LTSC 2021 バージョン 2108（ビルド 14332.20255）の環境に基づいております。これと異なるバージョンをご使用の方は、画面や表記が一部異なりますので、読み替えて本書をご利用ください。また、本書記載の情報は 2022 年 9 月現在のものを掲載していますので、ご利用時には変更されている場合もございます。あらかじめご承知おきください。

はじめに

大学が多様化し、学修環境が変化し、大学で学ぶ方法や技術も大きく変わってきました。授業は板書からスライド表示による講義になり、レポートは手書きから文書ファイルでの提出に変わりました。課題や研究には何よりも情報収集が重要になり、ICTを活用して幅広く、効率よく資料を収集しなくてはいけません。高校までの授業で習得した、教科書を使った勉強方法とは大きく異なります。大学の授業は講義・実習・演習ごとに、適切な学修方法や学びの技術が必要です。これらを、一般的に「アカデミックスキル」とよんでいます。とくに、ツールとしてICT技術を活用するスキルを「アカデミックICTスキル（あるいはアカデミックICTリテラシー）」ともいいます。

本書は、情報処理学会が公開した情報教育におけるカリキュラム標準J17[1]のうち、共通教育や教養教育で扱う内容『一般情報教育の知識体系 GEBOK2017.1』の「アカデミックICTリテラシー」のトピックスを参考に作成しました。これは、その前に公開されたカリキュラム標準J07-GEで補習として扱われた「コンピュータリテラシー」が、他の分野と組み合わせて取り扱う内容として設けられたものです。つまり、大学での学術的な情報活用のためのツールとして、コンピュータや情報ネットワークを不自由なく扱えるスキルと能力を身に付けることを求めています。セキュリティ対策も含め、大学入学後、できる限り速やかに教養教育と関連して修得することを推奨しています。

この背景には、社会の変化や要請と学校教育とのすれ違いがあります。昭和の終わり、オフィスにワープロやパソコンが入り、文書作成や表計算ソフトの操作が必須技能となりました。以後30数年、平成を経ても、ビジネス現場にパソコンがある風景は変わりません。中学の技術家庭の改訂、高校の情報科設置と学校教育も社会の変化に対応してきました。ところが、ワープロ・表計算の技能教育に流れたことが、情報科でプログラミング教育が浸透しなかったとして、実習は減らされます。大学では、中高で習っただろうから科目にはならないと、学生のスキルを見切るところもでてきました。世の中はスマートフォンさえあれば、生活のほとんどのことが賄える時代になりました。

一方、大学では学修支援システムが強化され、授業を始めとする学生生活はパソコンなしではいられません。資料検索、情報整理、レポート、発表用レジュメ、論文作成など、大学での学修・研究活動はスマートフォンだけでは間に合いません。2016年に文部科学省が実施した全大学への情報教育の調査[2]では、回答した530大学（751大学中）で何らかの一般情報教育がなされ「コンピュータリテラシー」が1位となっていました。そこで、あらためて、情報教育のカリキュラム標準の知識体系の一つとして設けられました。

本書は、大学の授業で講義と実習をすること、教員による概説や実演を前提に、すべて例題と演習で組み立てています。本書の前身『コンピューター入門演習』（文化書房博文社発行）を基に、長年大学でICTリテラシーの授業を実践してきた講師陣が、作り直しました。1章から4章までは、半期の授業で修得しやすいように構成してあります。残りの5章、6章は、文書作成やデータ処理などに応用できるような例題と実習を掲載しています。6章はデータサイエンスへつながるスキルとしても活用できます。授業外の課題や、評価試験の課題等に活用してください。

監修：高橋尚子（國學院大學）

目次

1章 コンピューターの基礎とインターネットの活用

コンピューターなどのICT機器は私たちの日常生活に、もはやなくてはならないものです。それは大学も例外ではありません。履修登録やレポートの提出には大学の教学システム使う、先生とのやりとりは電子メールを通じて行う、研究に必要な書籍をインターネットで検索するなどといったことが、大学でも一般的になりました。コンピューターの基礎知識とインターネットの活用能力は、今や大学生活を送る上での必要不可欠なスキルの1つなのです。

第1章ではICT活用のための基礎知識を、特に大学生活で必要とされるものに絞って説明しました。日本語入力のスキルは第2章以降で行う演習で求められるので、不安がある人はここで練習しておくことをおすすめします。また、SNSなどで誰でも気軽に情報発信ができるようになるのにともなって、セキュリティやモラルの重要性が増しています。被害者に、あるいは加害者になってしまうことのないように、しっかりと理解しておきましょう。

1-1 大学生活とコンピューターの関わり

コンピューターとは？

私たちは、朝起きてから夜寝るまで、常にコンピューターや情報システムに支えられています。生活では、快適な温度に保つエアコン、汚れに合わせて洗濯時間を設定する便利な洗濯機、番組情報を見て予約録画ができるテレビなどにも、**マイクロコンピューター**と呼ばれる小さなコンピューターが搭載されています。スマートフォンのメールや SNS のメッセージは、通信会社や SNS 運用会社のコンピューターから配信されます。天気や気温の予報は、**スーパーコンピューター**を使った気象観測データを使ったシミュレーションで予測され、知らされます。電車の運行状況やバスの到着予測は、鉄道やバス会社の運行管理システムにより、表示されます。さらに、改札で IC カードをタッチして料金が引かれたり、銀行 ATM で現金を引き出したり、コンビニエンスストアのレジで購入金額が集計されたり、ネットショッピングで買い物をしたり、イベントや座席の予約をしたり、これらすべてがコンピューターと通信ネットワークで構成された情報システムで稼働しています。

コンピューターのハードウェアというと、ディスプレイとキーボードがセットになったものを想像しますが、皆さんが持っているスマートフォンや、タッチパネルで使用する薄型ディスプレイのタブレット端末もコンピューターの一つです。また、ソフトウェアというと、コンピューターにインストールされたワープロ・表計算ソフトやグラフィック処理ソフトのようなものを想像しますが、スマートフォンにダウンロードするアプリもその一つです。これだけでなく、コンピューターそのものを利用するための基本ソフトウェアや、大きな情報システムを構成するシステムソフトウェアもあります。

アカデミックスキルの重要性

大学生活では、大学からのお知らせをはじめ、授業の履修登録、時間割の確認、授業資料の配布、課題やレポートの提出、就職活動などで、大学が提供する情報システムを利用します。したがって、それらにアクセスするコンピュータースキルが必要不可欠です。さらに、レポートや論文の作成では、各種の資料データベースや図書の検索と情報収集、さまざまな調査による情報収集、収集した情報の整理と分析など、コンピューターの活用なしでは考えられません。

また、社会に出て就職すれば、文書作成や業務を遂行するための社内システムの利用が前提となります。そこでも戸惑うことなく社会生活をおくるために、大学生のうちに学んでおく必要があります。

大学の教学システム

ほとんどの大学には、**教学システム**といわれる学生の生活支援や授業、成績の管理を行うシステムが導入されています。学生は自分自身で授業の履修登録、時間割やシラバスの確認、資料のダウンロード、授業と課題の確認やアップロードによる提出、出欠確認、学修記録、アンケートの回答、就職活動のサポート情報確認などをすることができ、まさに大学生活のすべてが繋がっています。学生と学校や教員とのやりとりはここで行われるので、入学後の学生は、まずこの教学システムを使いこなさなければなりません。

ID とパスワード

教学システムでは、学生 1 人に 1 つの個人 ID を付与し、そのサービスを提供します。システム上では ID 単位でデータが管理されるので、一人一人がどのような状況であるか、個別に確認できるようになっています。大学によっては、メールアドレスとパスワード、学内コンピューターにログインするための ID とパスワードなど、利用する機能ごとに認証が必要な場合があります。

個人 ID ごとに管理された情報は個人情報として扱われ、他人に利用されたり、情報漏洩をしないように、利用時には本人確認のためのパスワード認証をしています。

パスワード変更と管理

教学システムだけでなく、一般的にどのサービスでも ID と正しいパスワードが入力されれば、本人確認を完了したとみなします。つまり誰でも正しいパスワードを入力できてしまえば、本人に成りすまして情報を利用できてしまいます。パスワードの管理は非常に大切なのです。

パスワードの管理方法は、所属する大学や組織の方針やサービスのポリシーに従う必要がありますが、以下の点に留意しましょう。

- **安易に想像できる文字列や数字を使わない**
  家族やアイドルの名前、誕生日や電話番号、password や 12345 など、簡単に想像できてしまうようなものはパスワードにふさわしくありません。

- **同じパスワードを使いまわさない**
  1 つのサービスでパスワードが漏洩してしまうと、他のサービスでも情報が漏れることになります。

長く他人に分かりにくいパスワードを作成するには、普段は口にしないような、自分が知らない言葉を利用したり、文字列を独自のルールで少しずつ変換して作成したり、複数の要素を組み合わせるなどで自分のパスワード作成ルールを決めておくなど、パスワード生成の法則を考えてみるのも良いでしょう。

その他に、2 段階認証などが利用できる場合は利用するようにしましょう。2 段階認証とは ID/パスワードの他に、メールなどに送られてくるコードの入力を必要とする認証です。情報社会は危険が多く潜んでいますので、「私は大丈夫」などとは決して思わず、より強固な認証を利用できる場合は利用するようにしましょう。

また、定期的にパスワードを変更して、パスワードの漏洩に備える手法もあります。一方で、定期的なパスワード変更よりも、使いまわしのない強固なパスワードを設定したら、そのまま使い続け、万が一パスワード漏洩や情報漏洩の被害が報告された場合には、速やかにパスワードを変更するという手法もあります。

いずれにしても、総務省や IPA（情報処理推進機構）、コンピューターセキュリティ関連各社の発信するセキュリティ情報などを注視して、最新の情報から対策をとるようにしましょう。

- 総務省ホームページ　http://www.soumu.go.jp/
- IPA（情報処理推進機構）　https://www.ipa.go.jp/

演習 1-1-1 パスワードを変更しよう

自分が利用している教学システムのパスワードを変更しましょう。

演習内容

1. パスワード変更画面への遷移方法を確認すること
2. パスワードとしてふさわしいもの、ふさわしくないものを理解すること

ヒント

パスワードの変更方法は、教学システムおよび大学が提示するパスワード変更方法のマニュアルを参考にします。

Web メールなどで利用することの多い Microsoft 365 などでは、パスワードの変更ルールは組織によって決まっていて、長さが６～８文字以上であり、大文字、小文字、数字、記号をそれぞれ含むなどの、パスワード作成ポリシーがあります。

応用演習

1. 同じ ID/ パスワードで連携しているシステムがある場合は、パスワードが変更されたことを確認すること
2. 利用している SNS や会員サービスのパスワード管理状況を確認すること

1-2 日本語入力

日本語入力は、コンピューターの日本語入力システムによっては、操作が異なります。また、よく入力する単語や変換の区切り、文章表現によって、それぞれ使い勝手が違ってきます。文章を考えながら入力するとき、思ったとおりの単語や漢字変換ができるように、自分が使用するコンピューターの日本語入力操作に慣れておきましょう。入力練習は、「メモ帳」のようなテキストエディタを開いて行います。入力した文字にはフォント（書体）とサイズ（大きさ）を設定し、文章を表現します。

演習 1-2-1 半角英数の文章入力をしよう

アルファベットの大文字・小文字、数字、記号の入力練習をします。
次の文を入力して、完成したファイルを保存しましょう。

演習内容

1.入力は日本語入力システムをオフにし、半角英数で入力をすること
2.入力後は、ファイルを保存すること

入力内容

abcdefghijklmnopqrstuvwxyz
ABCDEFGHIJKLMNOPQRSTUVWXYZ
1234567890!”#$%&’()+-*/=~^¥@;:{},.<>?_

ヒント

日本語入力システムのオン / オフは、キーボードの半角 / 全角キーを使って切り替えます。または、タスクバー右端の通知領域にある Microsoft IME のアイコンを右クリックしても入力モードの切り替えを行うことができます。
「ローマ字入力」はキーボードのアルファベットを使って入力し、「かな入力」はキーボードのひらがなを使って入力します。

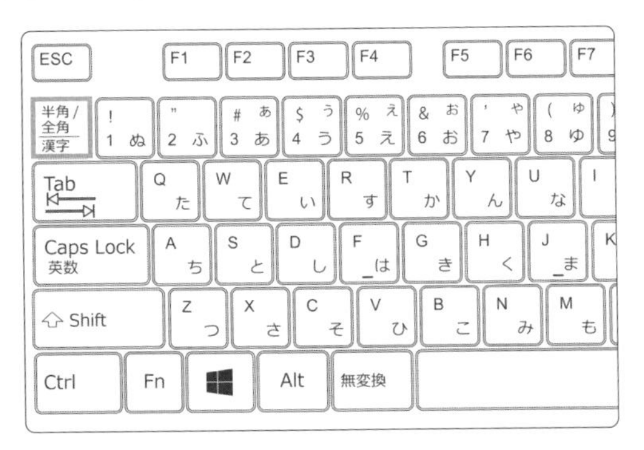

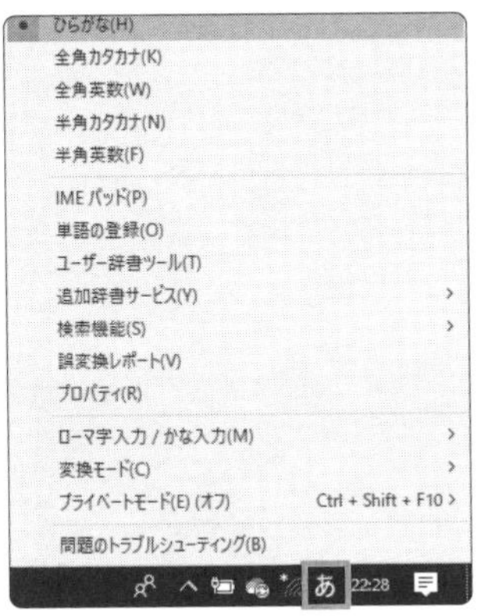

小文字での入力が優先されているとき、Shiftキーを押しながら英字キーを打つと、大文字を入力できます。また、Shiftキーを押しながらCaps Lockキーを押すと Caps Lock が有効になり、大文字のまま入力を続けることができます。Caps Lock を無効にするには、もう一度Shiftキーを押しながらCaps Lockキーを押します。

英字を入力するには

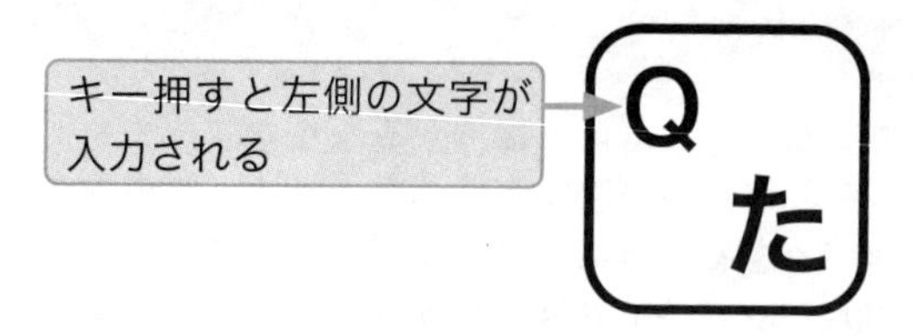

英字以外を入力するには

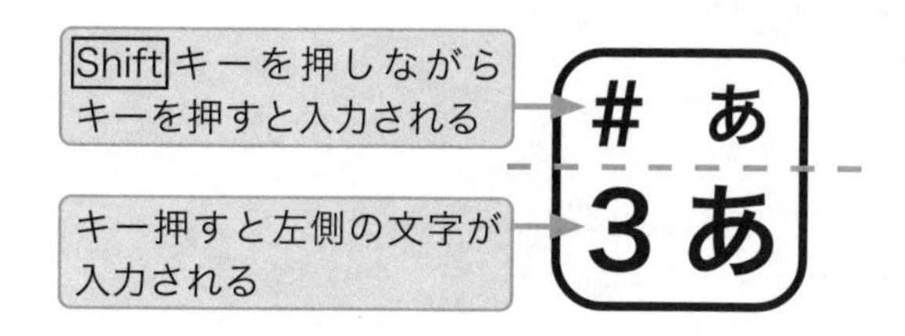

応用演習

文字の入力方法「ローマ字入力」と「かな入力」を切り替えて入力してみること

演習 1-2-2 ひらがな・カタカナ・記号の文章入力をしよう

ひらがなとカタカナの五十音と、全角の記号の入力練習をします。
次の文を入力して、完成したファイルを保存しましょう。

演習内容

1. 入力は日本語入力システムをオンにし、全角で入力をすること
2. 入力後は、ファイルを保存すること

入力内容

あいうえおかきくけこさしすせそたちつてとなにぬねの
はひふへほまみむめもやゆよらりるれろわをん
アイウエオカキクケコサシスセソタチツテトナニヌネノ
ハヒフヘホマミムメモヤユヨラリルレロワヲン
「」・／～●◎■◇▼△★※ ×±【】『』《》↓→⇔々〆℃〒♪♀♂
①②③④⑤⑥⑦⑧⑨⑩ⅠⅡⅢⅣⅤⅥⅦⅧⅨⅩ
ξαβγδεφθπζσωχ∞

ヒント

全角の記号は、「きごう」または「さんかく」など記号の形を入力して変換すると見つかります。IME パッドを利用すると、文字の読み方が分からなくても、マウスで文字を描いて文字を検索したり、画数や部首から文字を探すことができ、読み方を確認したりそのまま文章に挿入することができます。

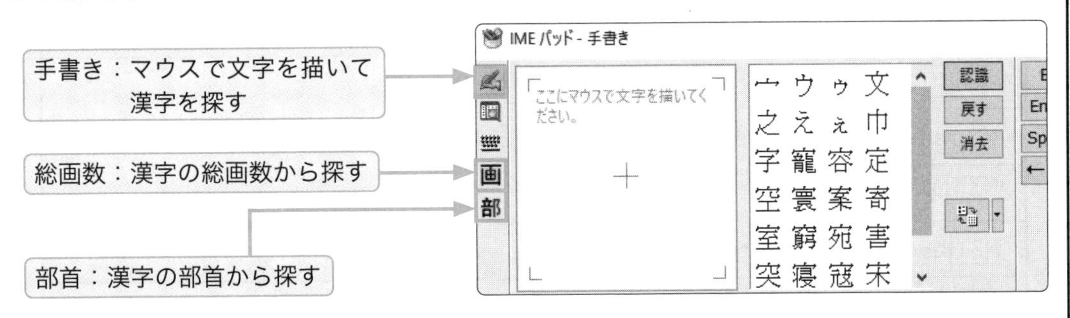

ひらがなで文字を入力し Space キーを打つと漢字やカタカナ、記号など文字の変換ができ、カタカナ変換や半角文字への変換はファンクションキーを使用することもできます。日本語入力システムには、郵便番号から住所への変換や顔文字、日本人によくある人名を変換する機能などがあります。

主な文字変換キー

Spaceキー……変換　F6キー………ひらがな　F7キー…………全角カタカナ
F8キー…………半角カタカナ　F9キー………全角英数　F10キー………半角英数

よく使うキー

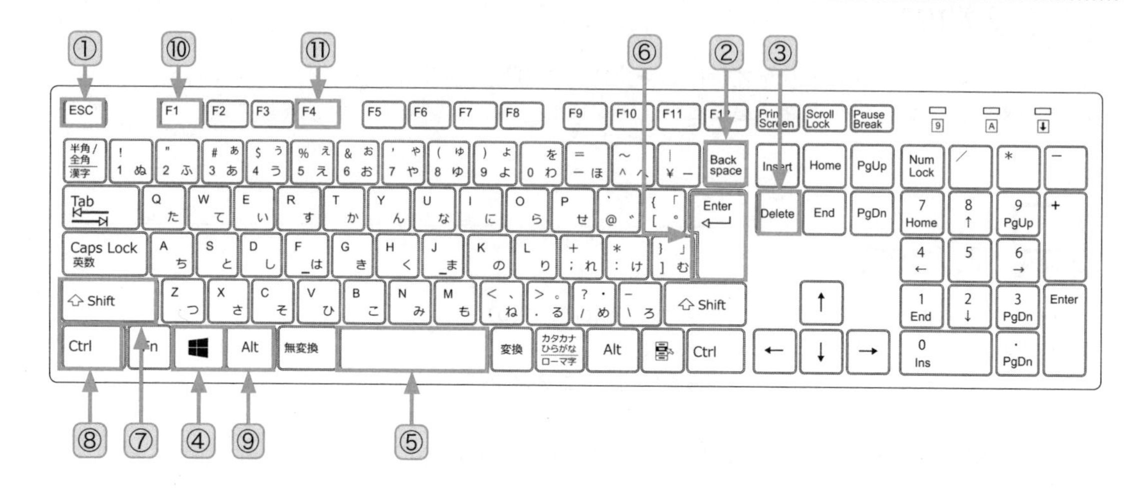

キーの種類	主な機能
① Esc キー	主に操作の中断や取り消しに利用
② Backspace キー	カーソルの左側の文字を消去
③ Delete キー	カーソルの右側の文字を消去
④ Windows キー	スタートメニューを開く
⑤ Space キー	1 文字分の空白や変換などに利用
⑥ Enter キー	改行や確定、実行などに利用
⑦ Shift キー	他のキーやマウス操作と組み合わせて利用
⑧ Ctrl キー	
⑨ Alt キー	
⑩ F1 キー	ヘルプ機能を呼び出し
⑪ F4 キー	動作の繰り返し、Excel の絶対参照など特殊な役割

応用演習

読めない文字、打てない文字は、IMEパッドから調べてみること

演習 1-2-3 文章入力をしよう

いろいろな文章を入力し、文字入力と文字変換の練習をします。
下の演習内容に従って次の文を入力して、完成したファイルを保存しましょう。

演習内容

1. 文字入力ができる場所（メモ帳やワープロソフト）を開いて入力すること
2. ■マークは空白、▼マークで改行すること
3. 目標時間を設定し、正確に入力すること
4. 入力が終了したら、各自の氏名・番号や指定されたファイル名で保存するか、指定されたプリンターに出力して確認すること

入力内容

●例題 A（250 字）目標時間 10 分

■春休みにオーストラリアのブリスベンでプチ留学を経験しませんか。▼
■当社では、現地に日本人スタッフを常駐させ、きめ細かなサポートをします。空港からホームステイ先まで往復とも送迎が付いてきますので、はじめての海外旅行でもスムーズに目的地に到達できます。語学学校は、現地で実績のあるカレッジを用意しています。さらに、ホームステイ先ではさまざまな異文化体験ができるうえ、休日には観光オプションの選択ができます。▼
■留学の申込前には、無料でカウンセリングを行っています。迷っている方もぜひお気軽にお出かけください。▼

●例題 B（250 字）目標時間 10 分

■スキー&スノーボードは、何かと出費があり気が付くと予算をオーバーするのが当たり前です。そこで、スキーヤー&スノーボーダーのお財布にうれしいプランを紹介します。リフト券と施設の割引券はもちろんのこと、ウエアやスキー&ボードなどの道具、交通費や宿泊費用のすべてがセットになっています。▼
■また、はじめてのグループには1時間のプライベートゲレンデガイドが付きます。短い時間にゲレンデをマスターして、風を切るダウンヒルを思い切り楽しんでください。▼
■アフターは、大浴場で疲れをいやし、ディナーブッフェでお腹を満たしてください。▼

●例題 C（250 字）目標時間 10 分

■プロスポーツでその本場の国まで行く目的は、世界一になることだと、選手の誰もが口にする。最終的には優勝しないと意味がないと言い、それを現実のものにし、賞賛され、満足感を味わう。▼
■よく言われる金銭は目的ではなく、後から付いてくるものなのだ。自分でやるべきことがあり、自分のスタイルでプレーし、それが認められれば最高だ。言葉の違いや攻め方の違いを克服し、オフシーズンにはコツコツと練習に励む。帰国後、記者会見でフラッシュを浴びる選手は、自信にあふれ、輝いている。それと同時に、子ども達に夢を与える存在になる。▼

●例題 D（500 字）目標時間 15 分

■人材を育成して、派遣や紹介を行う「総合人材サービス」を提供する企業が増えている。このような企業は、業務の受託や介護事業など、幅広く展開するケースが多い。▼
■人材育成事業では、キャリアアップを目的とした実務知識や各種資格検定の取得や語学教育などを目指すヒューマン系の講座やコースを持っている。また、実務だけでなく、専門職大学院で学位を取得するプロフェッショナルコース、正規に専門学校や大学へ留学して国際的に通用する人材の育成を目指したりするインターナショナルコースを用意している。▼
■最近では、社会人向けに「健康」、「いやし」、「きれい」などをキーワードとした「食育スペシャリスト」、「アロマセラピー」、「メイクアップアーティスト」、「プロネイリスト」など、新規の成長産業をにらんだものも少なくない。▼
■また、総務や経理などの事務管理の受託、広告・不動産・旅行・損害保険などさまざまな代理店業、スポーツエンターテインメント、コスメティック関連、フランチャイズなどカタカナ事業を手がけている。もちろん、介護事業も忘れてはいない。訪問介護とデイケアを併設した事業所を各地に配置し、グループホームなどを全国的に展開している。▼

●例題 E（500 字）目標時間 15 分

■先進諸国では「一人に一台」と言われるほど、パーソナル・コンピューター（以下「パソコン」）が普及しています。一方で、開発途上国におけるパソコンの普及は伸び悩み、情報インフラの未整備ともあいまって、情報格差は拡がりつつあると指摘されています。▼
■そんな状況を打開すべく推進されているのが「OLPC（One Laptop per Child）」です。「OLPC」は米国マサチューセッツ工科大学（MIT）のコンピューター科学者であるニコラス・ネグロポンテ（Nicholas Negroponte）氏を中心とする NPO「OLPC」が“開発途上国の子ども達が手軽にパソコンを使えるように”と開発を進めているプロジェクトです。目標とする製造原価から「100 ドルノート PC プロジェクト」とも呼ばれています。▼
■「OLPC」の仕様に基づくノートパソコンは、高速な CPU、1 G バイトのフラッシュメモリー、無線 LAN、太陽光の下でも鮮明に見える液晶ディスプレイ、電源コード以外にソーラーパネルにも対応する電源など、通信や電気などが整備されていない途上国での利用に配慮し、持ち歩く先が「どこでも学校になる」ところが大きな特長です。▼
■アルゼンチンやブラジル・カンボジアなど、同プロジェクトに参加している国々の子ども達に配布される予定となっています。▼

入力する前に一読（黙読でも音読でも可）すると、入力速度が上がります。
カタカナの入力は、付録の「特殊なローマ字・カナ対応表」（→ p.207）を参照してください。
文章入力をたくさん練習したい場合は、新聞のコラムや社説を切り取って、文字数によって、入力時間の目標を決めて練習するとよいでしょう。無料でタイピングレッスンが出来るインターネットサービスもあるので、チャレンジしてみましょう。
キーボードのホームポジションは、F キーと J キーにそれぞれ人差し指を乗せた位置をいいます。ホームポジションを意識して、姿勢や目線に気を付けて、正しく打ち続ける練習をしましょう。

応用演習

1. 新聞記事や社説など、身近にある文章を使って、入力練習をしてみること
2. 指の位置、ホームポジションを守り、正しい姿勢で練習をすること

1-3 ブラウザー

複数のコンピューターや情報機器を無線やケーブルで繋いで、情報を相互に交換できるようにしたものをネットワークといいます。インターネットとは、世界中のネットワークを相互に接続した巨大なネットワークのことをいい、世界中で共通の通信規格を利用して、WWW（World Wide Web）、電子メール、音楽や映像などのコンテンツ配信、SNS、売買と決済、情報の蓄積・検索など、さまざまなサービスが運用されています。

インターネットで情報を公開しているWEBサイトを閲覧するには、ブラウザーと呼ばれる閲覧ソフトを利用します。主なブラウザーには、Microsoft EdgeやInternet Explorer、Google Chrome、Safari、Firefoxなどの種類があります。

ブラウザーの種類によっては、同じWebサイトを閲覧しても、異なった形式で表示されることがあります。タブレット端末やスマートフォンのブラウザーでもWebサイトは同じように表示ができますが、ブラウザーの種類によって、縮小して全体が表示されたり、Webサイトの一部が表示されたり、スマートフォン専用のWebサイトが表示されることもあります。

WEBサイトは、URL（Uniform Resource Locator）というインターネット上の番地を表す役割をする、いわゆるホームページアドレスを使用して公開されています。ホームページアドレスは、ドメイン名と呼ばれる人間にとってわかりやすく表現したインターネット上の識別名で表します。

ドメイン名の種類と見方

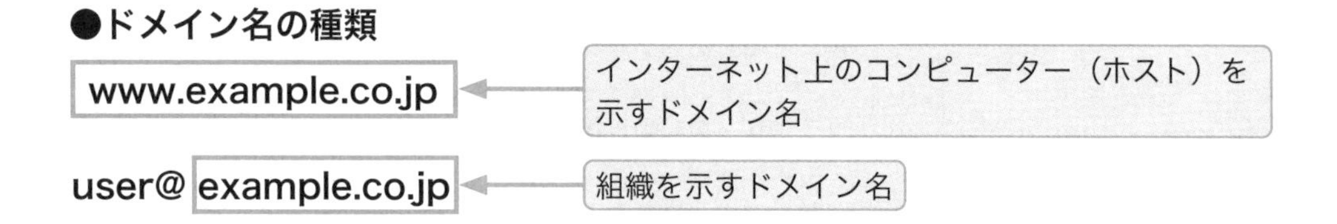

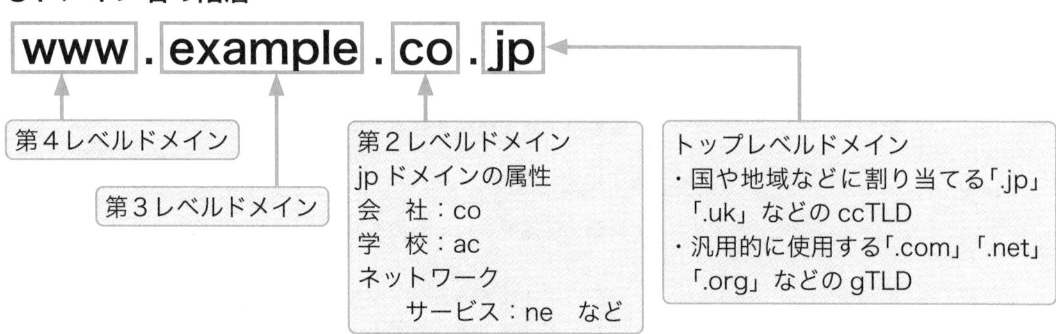

インターネット上の膨大な量の情報から目的の情報を調べる手段として、検索エンジンを備えた検索サイトと呼ばれるサービスがあります。検索の方法にはキーワード検索のほか、画像や動画、ニュースの検索、住所などから地図検索、書籍検索など、さまざまな手法が提供されています。漠然とWebサイトを閲覧するのではなく、目的の情報を検索して、効率よく使いましょう。

・主な検索エンジンサイト（2022年12月現在）
Google ……… https://www.google.co.jp/
Yahoo…………https://www.yahoo.co.jp/
Bing……………https://www.bing.com/

ブラウザーの機能

①メニューバー……………………………基本的には同じだが、ブラウザーによってメニューに表示される内容が異なる

②アドレス（ロケーション）バー………URL のアドレスを入力すると、そのアドレスのページが読み込まれる

③タブ………………………………………複数の Web ページを切り替えて見ることができる

④戻る………………………………………一つ前に表示した Web ページに戻る。右クリックまたは右の▼をクリックすると履歴が表示され、それ以前に表示した Web ページへも、一度の操作で戻ることができる

⑤進む………………………………………［戻る］ボタンで前に表示した Webページに戻った場合、このボタンをクリックすると先に表示したページに進む。右クリックまたは右の▼をクリックすると履歴が表示され、それ以前に表示した Web ページへも、一度の操作で戻ることができる

⑥中止………………………………………Web ページのデータの読み込みを中止する。Web ページの表示に時間がかかる場合などに使用する

⑦更新（再読み込み）……………………一度表示させた Web ページを、もう一度サーバーから読み込む場合に使用する。データを更新した場合などに使用する

⑧ホーム……………………………………ブラウザーを起動したときに最初に表示されるホームページに戻る

⑨履歴………………………………………以前にアクセスした URL を再度表示させることができる。[戻る] ボタンで戻れない場合、お気に入りに登録していない場合、URL を正確に覚えていない場合に便利。ブラウザーの左に表示させて使用できるものもある

⑩お気に入り（ブックマーク）…………自分で登録した Web サイトの一覧が表示される。ブラウザーの左に表示させて使用できるものもある

⑪検索………………………………………Web ページを検索するキーワードを入力する場所。特定の検索エンジンに接続されるものもある

⑫印刷………………………………………現在表示されているページを、設定されたページ設定、プリンターに対して印刷する。印刷は、プレビューでの確認、印刷コマンドでの用紙やプリンターの確認をしてからを推奨する

【 Microsoft Edge の場合】

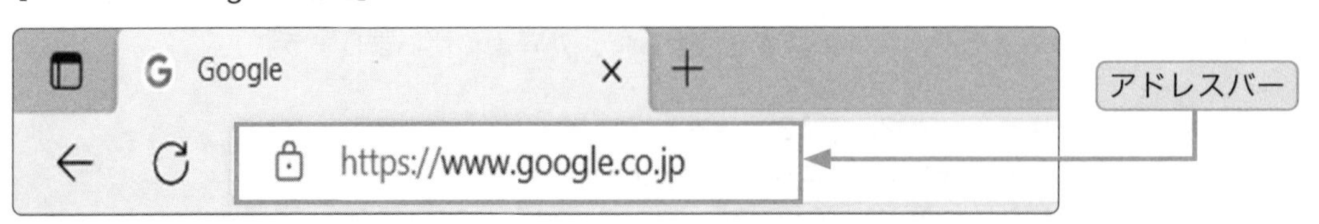

演習 1-3-1 所属する大学の図書館サイトで本を探そう

自分が所属する機関の図書館の検索システムを使って、書籍を検索しましょう。

演習内容

1. 書籍検索のキーワードは、何を利用するか考えること
2. 著者名に担当教員の氏名、著書名に履修科目名やシラバスの中の用語を入力するなどの工夫をすること

・具体的なキーワードの例
情報リテラシー、ユビキタス、ユニバーサルデザイン、アクセシビリティ、グローバルスタンダード、など

検索のヒントとして、関連するキーワード (単語) を入力します。検索した結果が多い場合は、絞り込むために、もう 1 つキーワードを入力します。検索した結果がない場合は、別の関連するキーワードを入力します。

普段よく見る Web サイトを「お気に入り (ブックマーク)」として登録することができます。これにより、登録した Web サイト名を選択するだけで、表示させることができます。

ブラウザーを起動してインターネットに接続したときに開くページを、最初に表示される「ホームページ」として登録することができます。所属する大学や企業、プロバイダーの Web ページなどを登録しておきましょう。ホームページに登録した Web サイトが存在しないと、インターネットに接続できなくなる可能性がありますので、できるだけ公的なものにしましょう。

ブラウザーのオプション機能などを使って、一時ファイルや履歴、Cookie をクリアできます。これにより、共同で使用しているコンピューターでは、個人情報やプライバシーなどの流出を防ぐことができます。とくに、ネットカフェなどを利用した後、ログオフする前に行っておくとよいでしょう。

ブラウザーの設定機能などを開いて、セキュリティのレベルを確認できます。Web サイトによっては、セキュリティレベルが高い場合、表示されないものがあります。これにより、閲覧したい Web サイトが要求しているセキュリティレベルに設定を変更できます。

プライバシー情報やセキュリティの設定は、一般的にメニューの [ツール] や [オプション]、[設定] にあります。各タブをクリックしながら、それぞれを確認し、設定しましょう。

Web ページのアドレスは、永久ではありません。実際に利用するときは、必ず確認するようにしましょう。

応用演習

1.自分が所属する組織のWebページを見ること
2.自分の氏名や出身校をキーワードにして、Webサイトを検索し、表示された内容を吟味すること
表示された結果のうち、自分や出身校と一致している内容、自分や自分の出身校ではない内容に分類して、ドメイン名などを確認すること

演習 1-3-2 国立国会図書館の蔵書検索システムで本を探そう

国立国会図書館の蔵書検索システムを使って、書籍を検索しましょう。

演習内容

国立国会図書館の蔵書検索システム (NDL Search) を使って、書籍を検索すること
・国立国会図書館サーチ　URL：https://iss.ndl.go.jp/

・具体的なキーワードの例
演習 1-3-1 と同じキーワードを使用して、検索結果をくらべる

ヒント

OPAC とは、Online Public Access Catalogue の略で、図書館の蔵書データベースの項目を統一した検索システムの標準化仕様をいいます。

OPAC で使われる基本項目には、次のようなものがあります。

・書名 (タイトル)
・著者名
・出版者 (社)
・出版年

このほかに、フリーのキーワードや、図書コード (ISBN)、雑誌コード、ISSN(国際標準逐次刊行物番号) などがあります。CiNii の検索結果を閲覧するには、一部有料のものがあります。また書籍・雑誌を検索する「Webcat Plus(URL ⇒ http://webcatplus.nii.ac.jp/)」などがあります。

応用演習

国立情報学研究所の学術情報ナビゲータ CiNii（サイニイ) を使って、論文を検索すること

・全国の大学図書館の蔵書 (書籍や雑誌) を検索：CiNii Books(サイニイ・ブックス)
https://ci.nii.ac.jp/books/

・専門誌や雑誌に掲載された論文を検索：CiNii Articles(サイニイ・アーティクルス)
https://ci.nii.ac.jp/

・具体的なキーワードの例
自分の専門分野、授業の担当教員、身近な指導教員など

1-4 電子メール

電子メール、いわゆるE-Mailとは、インターネットを利用して電子的に送受信される手紙のようなものです。電子メールは個人ごとに取得したメールアドレスを使います。種類には大きく分けて次のようなものがあります。

- 学校や職場（所属する組織）で使用する専用のメール
- 個人で使用するプロバイダーのメールやGmail、Yahoo!メール
- 携帯・スマートフォンのキャリアメール

※SMS（ショートメール）はメールアドレスもインターネットも使用しない、電話番号と電話回線を使用して送受信される短文のメッセージサービスです。

※電子メールは、インターネットに接続したメールサーバー上にある、個人個人のメールボックスを介して送受信を行います。

電子メールを利用する方法は、次の3種類があります。

- **メールソフト**
  メール専用のアプリケーションソフトを使用します。個人や所属する組織などでパソコンを使用してメールを利用する際に使用します。
- **Webブラウザー**
  クラウドメールや個人や所属する組織などのメールを外部から利用する際に使用します。インターネットを閲覧するWebブラウザーを使用して、クラウドメールのサーバーにアクセスし、IDとパスワードを入力して利用します。
- **携帯・スマートフォン**
  携帯やスマートフォンにインストールされたメールソフトを使用します。携帯やスマートフォンが電波を受信可能な場所にあれば、メールボックスがメールを受信すると自動的にメールが送られてきます。

●メールアドレスの形式

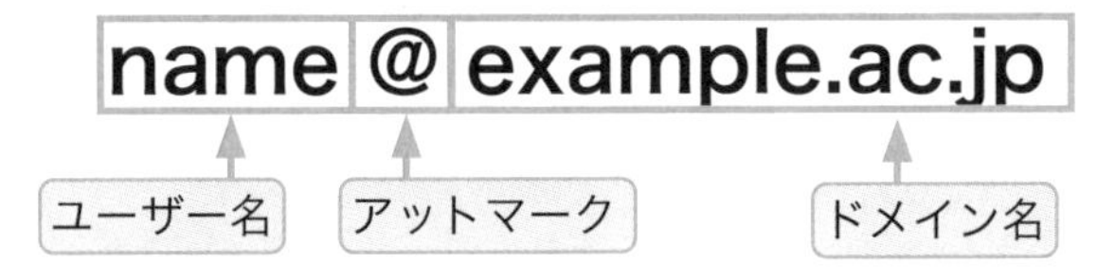

ユーザー名は個人個人で異なり、自分で自由に作成できる場合と、所属する組織から決められたものを配布される場合があります。

ドメイン名はインターネット上の住所のようなものです（→p.17参照）。自分が所属する組織を表す名称や略称が付けられています。学校や企業、団体などのドメイン名のメールアドレスはそこへ所属していることの重要な証ともなります。個人使用のメールアドレスと違って一般的に信頼度が高くなりますので、学生の皆さんは、積極的に学校のメールアドレスを利用しましょう。

また、メールアドレスは、1字たりとも間違えてはなりません。もしも間違ったメールアドレスが実在している場合、間違った相手にメールを送信してしまうことになります。情報の漏洩につながるだけではなく、相手の方にも迷惑をかけることになります。メールアドレスを入力する際は、誤字がないか多重チェックを行うなど、細心の注意を払いましょう。

メールソフトによっては、作成途中のメールを一時保存しておくことのできる下書きの保存機能があります。また、毎回同じ形式でメールを送信するためのひな形を作成し、保存したり呼び出したりできるテンプレート機能というものもあります。これらを活用して効率的なメールの作成方法を工夫してみると良いでしょう。

演習 1-4-1 電子メールの署名を作成しよう

電子メールの文末には、どこの誰がメールを作成したのかが分かるよう、名刺の代わりになるような署名を表示します。署名には、氏名とメールアドレスの他、所属組織や連絡先などを記載するのが一般的です。

ここでは、学校で使用するメールアカウント用に署名を作成しましょう。

演習内容

1. 所属先のメールソフト、メールアカウントを開き、自分の情報を入力し署名を作成すること
2. 新しいメールを作成時、自動で署名が挿入されるように設定すること

○○大学○○学部○○科　佐藤 花子

E-Mail　username@example.ac.jp

メール署名の例

電子メールソフトの署名機能を利用して、メールの本文の最後に付ける署名が作成できます。これにより、メールの差出人である自分の所属や連絡先などを正確に相手に伝えることができます。署名に記載する内容は、所属と氏名と連絡先が基本です。ただし、連絡先として、個人の電話番号や住所などは記載しない方がよいでしょう。しかし、研究室や企業など公開が可能な電話番号や住所は記載してかまいません。公開されても困らない情報を署名に記載するようにします。

共有のコンピューターの場合、署名が保存できず記録されないことがあります。その場合はコンピューターを利用する環境を確認するようにしてください。

署名作成後は確認をするため、メッセージを新規作成し、次の設定をして送信してみます。自分にメールを送信することで、受け取り側にどう伝わるか確認するとともに、送信と受信のテストが同時に行えます。

宛先（To）：< 自分のメールアドレス >
件名（Subject）：署名のテスト
本文：（特に何も入れないで、署名があることを確認する）

応用演習

1. 宛先を自分のメールアドレスや自分の携帯電話のメールアドレスにして、送信してみること
2. 携帯電話で受信したメールから、返信をしてみること

演習 1-4-2 先生に電子メールを送信しよう

メールの記載内容には、一定の決まりがあります。要件や目的が伝わるようまとめ、マナーを守ってメール本文を作成します。電子メールを先生や指定された送信先に送信しましょう。

演習内容

完成イメージを参考に、先生にあいさつと今期の抱負などを添えてメールを送信すること
文面や内容に指定がある場合は、それに従う

宛先（To): <指定されたメールアドレス>

件名（Subject）: はじめまして（よろしくお願いします）

本文

○○様（敬称をつける）

いつもお世話になっております。○○学部○○学科の（自分の氏名）です。

(自己紹介や、抱負などを書く）

今後とも、どうぞよろしくお願いいたします。

(文末に演習 1-4-1 で作成した署名を挿入）

完成イメージ

件名については、次のことに注意します
- 内容が簡潔に分かるよう、明確に付ける
- 必要に応じて、ステータスを付ける（重要、要返信、依頼、連絡など）
- カッコなどの記号をうまく使う（【　】★）
- 返信では、RE:（Re:）を付けたままにし、誰に返信するかを確認する
- 転送では、FW:（Fw:）を付けたままにし、送信元に確認をして転送する

宛先については、次のことに注意します。
- CC は、To と同じ働きで、他に送られた人にもメールアドレスが分かる。意味としては、受け取った人は見るだけでよく、返信は必要ない
- BCC は、To と同じ働きだが、メールを送られた人にはメールアドレスが分からない。そのため、送られた本人も自分宛であることは確認するのが難しい。同時に複数に発信する場合、互いに知られたくない場合などに使用するが、使い方には注意する

本文については、次のような形式を心がけます。
- 文頭・文末のあいさつや署名は、毎回記載する。同じ用件に関してまめなやり取りが続く場合は省略することもあるが、記載をすれば礼を欠くことにはならない

メール本文の例

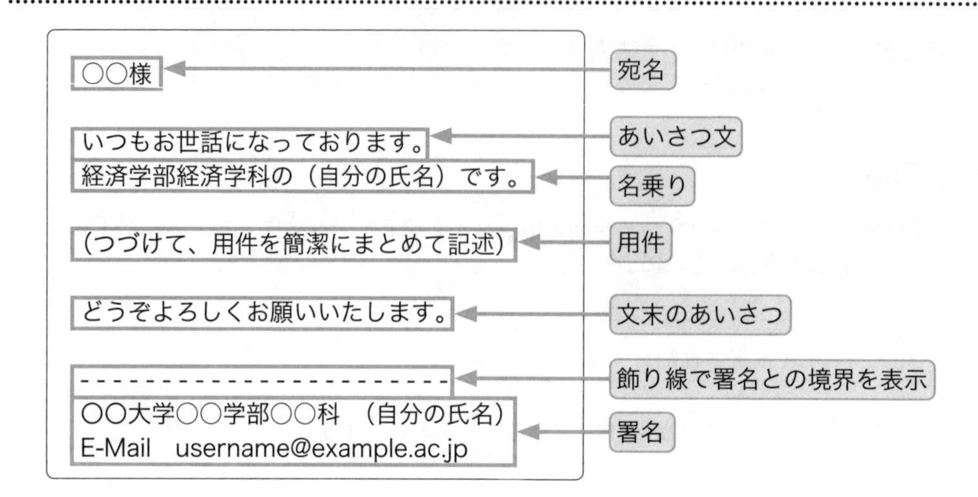

応用演習

宛先を自分のメールアドレスや自分の携帯のメールアドレスにして、送信してみること

1-5 SNS

SNSとはSocial Networking Serviceの略で、共通の話題や興味のある人同士が情報を共有したり、意見を交換したりできるインターネット上のサービスのことです。

既に個人で利用している方も多いと思いますが、大学生活でもクラスやゼミの情報共有や連絡用に使われていたり、部活動などの団体の告知宣伝・情報発信に利用されていたりします。

スマートフォンのアプリなどでは、常時配信する仕組みになっていることもあるので、発信する時間は深夜帯にしないなど、生活時間帯に利用するようにします。

大学で利用されている主なSNSには、以下のようなものがあります。

・LINE

授業やゼミで、教員や学生間で情報共有に利用していることが多い。あらかじめ「友だち」登録している特定のグループや相手と、メッセージや写真、音声通話で情報を伝達する手段となる。単なる文字情報だけではなく、文字では伝えにくい感情やニュアンスを「スタンプ」という画像で端的に伝えることができる

・Facebook

学部やゼミのグループ利用などに利用していることが多い。グループでの情報共有や個人の情報発信、たくさんの文字情報や複数の画像の発信に使われる。情報の公開先も選択でき、過去の投稿が自動表示される。実名や自分の写真を公開しているので、仲間を見つけてつながりやすい

・Twitter

「ツイート」「つぶやき」といわれる全角140文字以内のメッセージや画像、動画、URLを投稿でき、コンパクトに情報流布できる。短文で不特定多数に伝達することができる

・ブログと電子掲示板

ブログとはBlog、Weblogといい、覚え書きや日記としての意味合いを持つ。電子掲示版はBBS（Bulletin Board System）と呼ばれ、情報交換や会話、討論ができる。どちらも不特定多数の人への情報発信、時系列での情報発信ができる

いずれも、便利に利用できる一方で、本人確認不要なものや、無料で利用できるものもあることから、「なりすまし」や詐欺、犯罪にも注意する必要があります、また、発信した情報は不特定多数の人の目に触れることになります。情報の公開範囲や事柄の信ぴょう性、個人情報にはあたらないかなど、自分の発言による影響を考え、発信する情報にも十分注意することが求められます。

演習 1-5-1　大学からの情報発信をフォローしよう

大学も企業と同じように、インターネットを利用して、さまざまな情報発信をしています。
大学の発信しているホームページなどを確認し、大学、所蔵している授業やゼミなどの SNS をフォローしましょう。

1. 大学のホームページなどから公式 SNS へのリンクを調べ、確認すること
2. 大学公式 SNS や、ゼミなど所属している組織の SNS を確認し、フォローすること

ヒント

大学に関係する SNS にはそれぞれ目的や役割があり、その目的やテーマに沿った投稿が必要になります。授業やゼミのグループ SNS で利用するのであれば、そのテーマに沿った討論や情報共有をするようにし、個別の連絡手段ではないことに注意しましょう。
初めてグループ SNS に参加する際は、自己紹介の挨拶などから始め、状況を確認し、マナーを守って利用します。
近年の災害時には Twitter や LINE などが、緊急連絡手段としても利用されています。それには、個別の連絡手段ではなく、多数に対し連絡できることがメリットとして挙げられます。
本章 1-1 で触れた教学システムでも、大学が安否確認の手段としての機能を付加していることがありますので、自分の登録情報を確認し、携帯のメールアドレスなどを常に最新の情報にしておくことに留意しましょう。

SNS の他、所属している組織の緊急連絡手段、安否確認手段とその手順を確認しておくこと

1-6 セキュリティ・モラル

情報セキュリティとは、大切な情報を、他人や外部からむやみに見られたり、編集されたりしないように保護し、情報の正確性や安心して利用できる状態を維持することをいいます。インターネットにより、世界中のコンピューターや情報機器がネットワークでつながる現代においては、インターネット上の悪意のある行為から自身の大切な情報を守るため、情報セキュリティ対策は不可欠なものといえます。

●ウイルス対策

コンピューターや情報機器の利用者に害をもたらすように作成された悪意あるプログラムを、マルウェアといいます。マルウェアのうち、正規のプログラムの一部が改ざんされ、コンピューターに記憶されているプログラムに入り込んでデータを破壊したり、動作に支障を生じさせるものがコンピューターウイルスです。

このようなコンピューターウイルスからコンピューターや情報機器を守るために、ウイルス対策ソフトを導入したり、インターネットからの入り口（ポート）を制限するなどの対策を施すことが必要となります。しかし、コンピューターウイルスは、世界中、毎日新たに作り出される脅威があるので、ウイルス対策ソフトの状態を最新の状態に保つなど、適切な対応が欠かせません。

●情報漏洩の防止

個々ではあまり価値がないと思われる情報も、いくつも集まることにより大きな価値を成すことや、逆に大きな損害を生じさせたり、他人を傷つける場合があります。このため、情報を漏洩しないよう適切に管理する必要があります。

インターネットに接続しているコンピューターの中にある情報は、常に外部からアクセスされる脅威があるといっても過言ではありません。ですから大切な情報については、不用意な閲覧や編集を防止し、必要な人だけがアクセスできるよう適切に管理することで、情報漏洩を防止します。

●個人情報・知的財産権の保護

名前、住所、生年月日、顔写真や声など個人を特定できる情報を個人情報といいます。これらの個人情報が悪用されると、犯罪やプライバシーの侵害につながり、当人の安全が脅かされる場合がありますので、その取扱いには十分注意を払う必要があります。日本では、2003年にいわゆる個人情報保護法が制定され、企業や団体は個人情報を適切に管理することが義務付けられています。

産業上の創意や工夫によって創り出されたものや、音楽、小説などの文化的な創作などを、創作した人の財産として一定期間保護するために設けられたものが知的財産権です。創作物を他人が勝手に利用したり、加工したりすることは禁止されています。音楽や写真、イラスト、美術品やWebサイトなどを転載する場合は、使用許諾の確認やライセンス契約の締結などに十分注意する必要があります。使用許諾のないまま、プレゼンに使用する素材やレポートのコピー＆ペースト（コピペ）をすることは盗用にあたります。絶対にあってはならないことです。やむを得ずそのまま利用する際は、出典をあきらかにし、必ず「引用」として利用するようにします。

●モラルとエチケット

普段の行動でも公の場で気を付けたいルールがあるのと同様に、WebサイトやSNS、メールでの情報発信や投稿の際にも、自分も他人も不快な思いにならないよう気を付けるルールがあります。道徳的なルールのことを情報モラル（または情報倫理）、相手や世間に不快な思いをさせないような配慮を情報エチケットといいます。

WebサイトやSNSで発信した情報は、世界中に流布されることを常に念頭におき、読み手や相手の立場に立って確認することで、情報モラルも情報エチケットも守れるケースがほとんどです。

演習 1-6-1 セキュリティ・モラルに関するWebサイトを見よう

情報セキュリティ対策には、常に最新の情報に目を配り、備えていく必要があります。情報モラルについても、世の中で何が問題となっているか日々気にかけておくと良いでしょう。

次のURLを参考に、情報セキュリティと情報モラルに関するWebサイトを見ましょう。

演習内容

以下のWEBサイトにアクセスして、どのような情報があるか確認すること

・国民のための情報セキュリティサイト（総務省）
http://www.soumu.go.jp/main_sosiki/joho_tsusin/security/index.html

・ここからセキュリティ！（情報処理推進機構 IPA）
https://www.ipa.go.jp/security/kokokara/

・I LOVE スマホ生活（情報処理推進機構 IPA）
https://www.ipa.go.jp/security/keihatsu/love_smartphone_life/

・警視庁サイバー犯罪対策プロジェクト
http://www.npa.go.jp/cyber/index.html

・公益社団法人著作権情報センター CRIC
http://www.cric.or.jp/

応用演習

1. 自分で情報の掲載されたWebページを調査してみること
2. その他、各種ウイルス対策ソフトの会社が発信している情報を確認すること

1-7 データの管理

文書や画像など、コンピューターで扱うさまざまなデータをファイルと呼びます。ファイルは、ドライブという記憶装置の中に、フォルダーを作成し、利用目的ごとに整理して保存します。

ドライブとは、コンピューターの内蔵ドライブのほか、CD や DVD ドライブなどの記憶装置のことを指します。共有サーバーのドライブや USB メモリー、SD カードなどのリムーバブルメディア、クラウドストレージなど、コンピューターと物理的に離れていてもドライブとして認識されます。

クラウドストレージとは、インターネット経由で接続されているデータストレージです。使用しているコンピューターのドライブをローカル（ドライブ）というのに対し、インターネット上で提供しているサービスをクラウドと呼びます。コンピューターからは、どちらも同じようにフォルダーとして表示することもできるので、違う環境に保存していることを利用者に意識させなくなっています。フォルダーやファイルには、その使用用途が分かるように名前を付けると整理がしやすくなります。名前は、その使用目的と日付などを組み合わせると、いつに何を保存したファイルなのか一目で分かりやすくなるでしょう。

演習 1-7-1 いつも使っているメディアを確認しよう

自宅や大学でデータ保存に使用しているリムーバブルメディアやクラウドストレージについて、使い方を確認し、データの保存を練習します。

いつも使用しているメディアとデータの保存について確認しましょう。

演習内容

1.USB メモリー（リムーバブルメディア）にファイルを保存し、保存したファイルを確認すること
2. 学校指定のクラウドストレージにファイルをアップロードし、保存したファイルを確認すること

ヒント

ファイルを保存するには、［ファイル］メニューから［名前を付けて保存］をクリックし、保存場所と名前を設定して保存します。リムーバブルメディア（CD/DVD、USB メモリー、SD カード、外部ディスクなど）に保存する際は、対象のドライブを選択して保存します。

リムーバブルメディアは、小さく持ち運びには非常に便利ですが、その分紛失による漏洩やそれを媒介したウイルス感染、破壊によるデータ損失などの事故が発生する可能性が高いものです。利用にあたっては、パスワード保護やウイルスチェックなど取り扱いに十分注意をするようにしましょう。サーバーやクラウドストレージなどにデータをアップロードする際には、アップロード後、正常にデータをアップロードできたかを確認するようにします。名称や保存日時、ファイルサイズなどの確認の他、データを一度ダウンロードして確認をするようにしましょう。

応用演習

1. クラウドストレージに保存したファイルをローカルにダウンロードし、ファイルを開いて確認すること
2. Google ドライブや Dropbox などのパブリック・クラウドを利用している場合は、そこにファイルをアップロードし、保存したファイルを確認すること

2章

文書作成の基本

大学生活では、様々な文書を作成する必要があります。自ら調べ、考えたことを、レポートやレジュメという文書の形式にまとめて表現することは、大学における学問という営みの重要な部分を占めています。また、ゼミナールやサークルに所属している場合は、活動内容の広報や合宿の案内などの文書を作成する機会もあるかもしれません。

このような文書の作成を、ワープロソフトは強力にバックアップしてくれます。ワープロソフトを使いこなすことができれば、統一感のある文字のフォントやレイアウトの設定、効果的な表や図形の挿入を簡単に行うことができます。

本章では、代表的なワープロソフトの１つであるMicrosoft Wordによる演習を通じて、文書作成の基本を確認します。具体的な操作の説明はMicrosoft Wordを基準としていますが、根底の考え方は他のワープロソフトにも共通する部分があるでしょう。

2-1 基本の操作

文書作成にはワードプロセッサ、通称ワープロと呼ばれるアプリケーションを使用します。Windows パソコンの登場以前はワープロ専用機も利用されましたが、パソコンが普及してからはワープロソフトに代わっていきました。Microsoft Word は世界でも代表的なワープロソフトの 1 つで、日本国内でも多くの企業で利用され、個人向けにも普及しています。

演習 2-1-1 Word を起動して基本操作を確認しよう

Microsoft Word の基本操作を確認します。
Word を起動して、白紙の文書を開きましょう。

演習内容

1. Word の画面の種類と構成を確認して、起動方法を覚えること
2. タブ、リボンの切り替え、ズーム、スクーロルの操作などを確認すること
3. 表示モードを切り替えて表示の違いを確認すること

Windows ではスタートメニューから Word を起動します。他に Windows のタスクバーやデスクトップにショートカットがあれば、そこからも起動できます。ブラウザーから起動する Microsoft 365 の Word Online とは異なるソフトウェアなので、操作方法も違う点に注意しましょう。

Word の基本操作「起動」

●スタート画面

Word を起動するとスタート画面が表示され、これから行う作業を選択できます。左のメニューから、［新規］をクリックして新規文書の作成やテンプレートを検索して利用することができます。［開く］を利用すると、すでに保存してあるファイルを開くことができます。右の一覧からは、新規文書の作成や、最近開いた文書を一覧から選択し利用することができます。

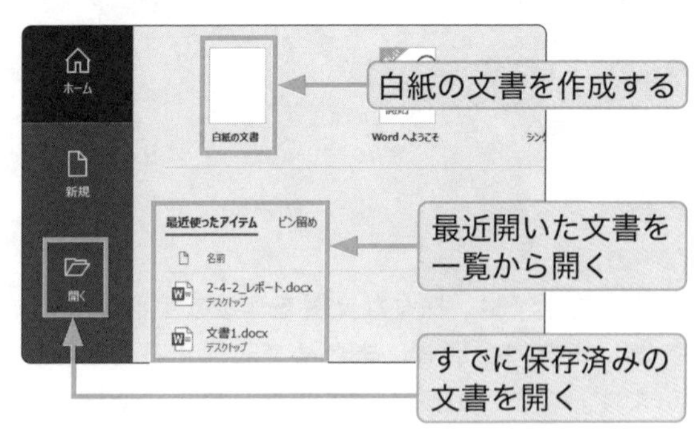

Word の基本操作「新規作成」「開く」

●バックステージビュー

［ファイル］タブをクリックして表示される画面をバックステージビューといい、ファイルの新規作成・開く・保存・印刷などの操作を行います。左のメニューの［新規］では、新たに白紙の文書を開くことや、テンプレートを利用することができます。［開く］は、すでに保存されているファイルを指定して開くことができます。

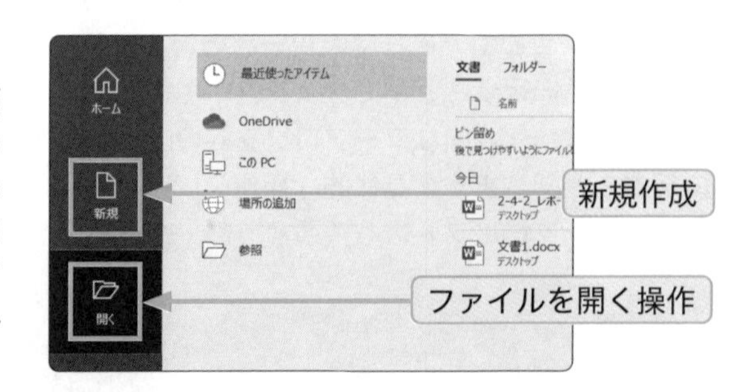

Word の基本操作「画面構成」「表示モードの切り替え」

● Word の画面構成

Word はタブを切り替えることで、操作ボタンの表示を切り替えることができます。このボタンの表示エリアをリボンと呼びます。リボンのボタンは目的別にグループ分けされていて、通常は 9 つのタブがあります。たとえば［ホーム］タブでは左から［クリップボード］グループ、［フォント］グループ、［段落］グループ、［スタイル］グループ、［編集］グループのようによく使う操作ボタンが配置されています。それぞれマウスポインタを合わせると、場所によってマウスポインタの形状が変わることも確認しましょう。

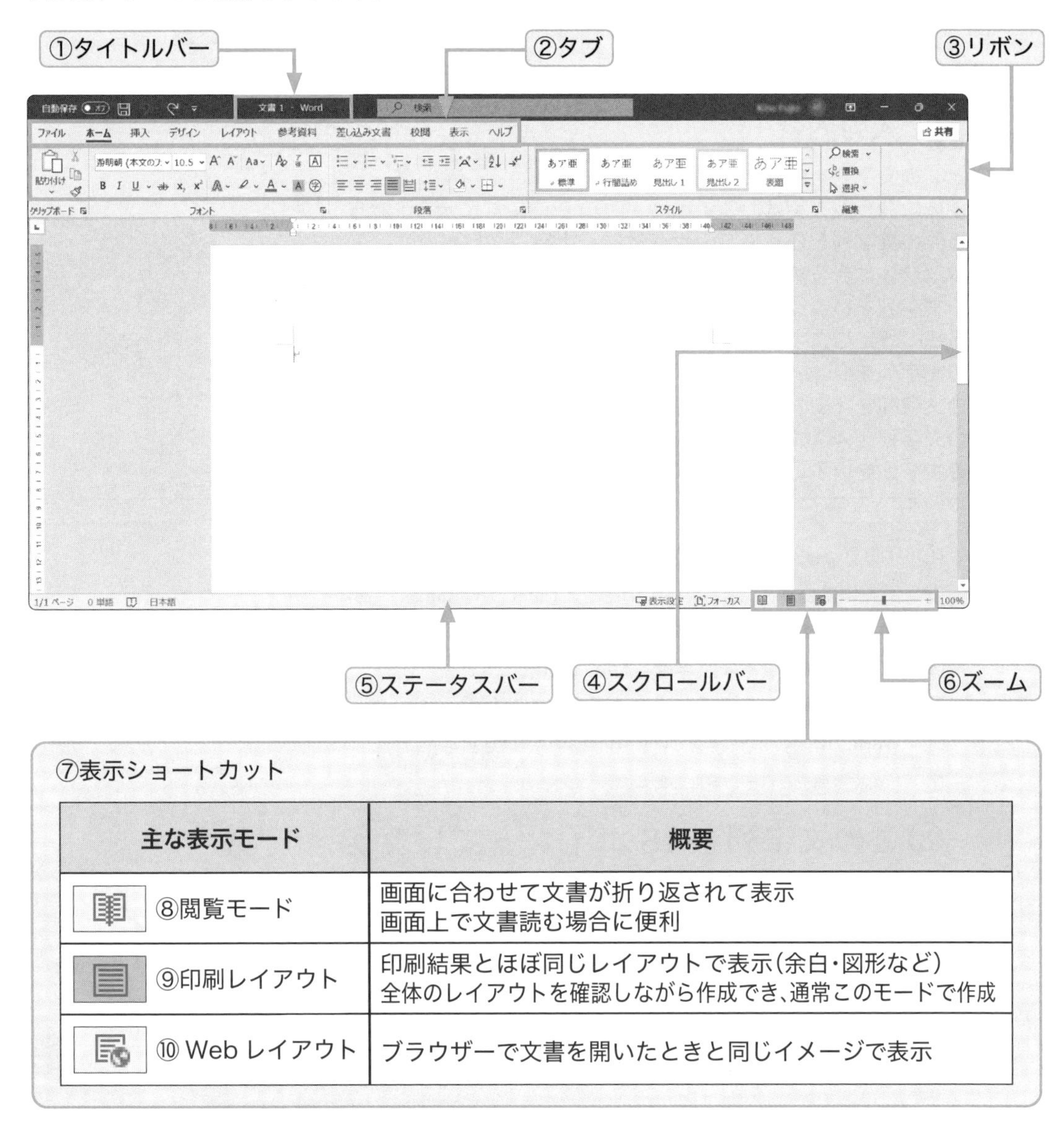

主な表示モード	概要
⑧閲覧モード	画面に合わせて文書が折り返されて表示 画面上で文書読む場合に便利
⑨印刷レイアウト	印刷結果とほぼ同じレイアウトで表示（余白・図形など） 全体のレイアウトを確認しながら作成でき、通常このモードで作成
⑩ Web レイアウト	ブラウザーで文書を開いたときと同じイメージで表示

応用演習

1. ［ファイル］タブの［開く］メニューを利用して、他の Word ファイルを開いてみること
2. 開いたファイルを［閉じる］メニューから閉じてみること

演習 2-1-2 書体の設定をし、ファイルを保存しよう

Word で文章を入力し、書体と書式の設定方法を確認します。入力した文字にはフォント（書体）とサイズ（大きさ）を設定し、文章を表現します。
次の文を入力して、行ごとに書体の設定をし、完成したファイルを保存しましょう。

演習内容

1. ①～⑩までの文章を読み、それぞれフォントや文字サイズを設定すること
2. ファイルに「演習 2-1」という名前を付けて保存をすること

入力内容

① ①と②の文字列を任意の明朝体に設定しよう。
② 明朝体に合う英文字は、Century や Times New Roman である。
③ ③と④の文字列を任意のゴシック体にしよう。
④ ゴシック体に合う英文字は、Arial である。
⑤ この文字列をいろいろな書体に変更してみよう。
⑥ Word の既定の文字サイズは 10.5 ポイントである。
⑦ この文字列を 9 ポイントにしよう。
⑧ この文字列を 18 ポイントにしよう。
⑨ この文字列を 40 ポイントにしよう。
⑩ この文字列をいろいろなサイズに変更してみよう。

① ①と②の文字列を任意の明朝体に設定しよう。
② 明朝体に合う英文字は、Century や Times New Roman である。
③ ③と④の文字列を任意のゴシック体にしよう。
④ ゴシック体に合う英文字は、Arial である。
⑤ この文字列をいろいろな書体に変更してみよう。
⑥ Word の既定の文字サイズは 10.5 ポイントである。
⑦ この文字列を 9 ポイントにしよう。
⑧ この文字列を 18 ポイントにしよう。
⑨ この文字列を 40 ポイントにしよう。
⑩ この文字列をいろいろなサイズに変更してみよう。

完成イメージ

Word では、[ホーム] タブ、[フォント] グループの、[フォント] ボタンと [フォントサイズ] ボタンを使用すると簡単に設定できます。

Word の基本操作「書式設定」「文字配置」

● [ホーム]タブの一覧

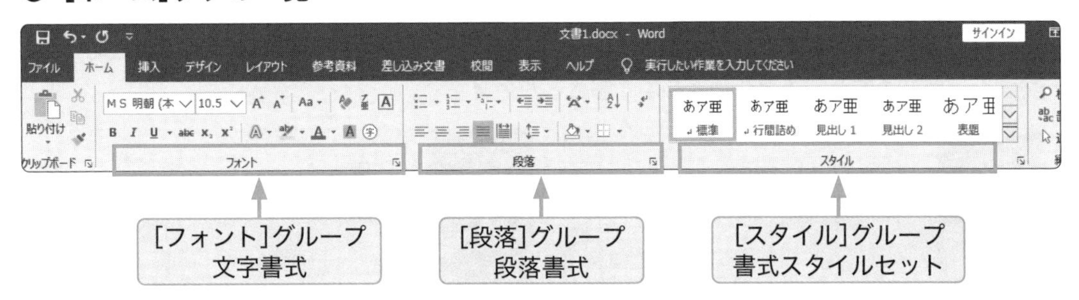

●主なコマンドボタン

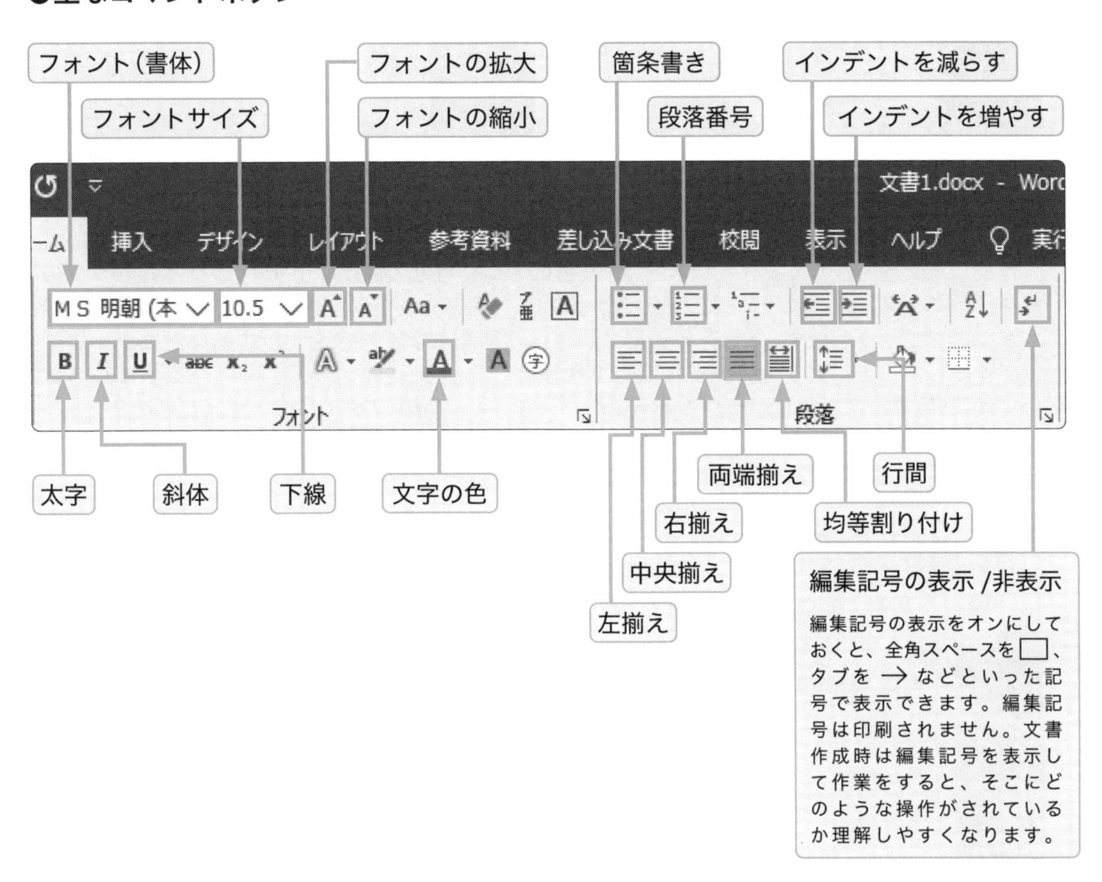

Wordの基本操作「保存」「印刷」

●バックステージビュー

ファイルの保存操作は、[ファイル]タブをクリックして表示される[バックステージビュー]にて、左のメニューの［上書き保存］または［名前を付けて保存］を使用します。初めて保存する場合や別のファイルとして保存する場合は［名前を付けて保存］を、同じファイルを更新する場合は［上書き保存］を使用して保存します。ファイル名は、一目でその内容・目的がわかる名前にすると、管理や再利用がしやすくなります。たとえば「使用用途＋日付」のような組み合わせで［名前を付けて保存］をしていくと、履歴の管理もできるようになります。

左のメニューの［印刷］は印刷プレビューができ、接続しているプリンター状態の設定・確認と印刷操作を行います。印刷したドキュメントは文書作成後の目視による確認作業にも有効です。ファイルをデータだけではなく、印刷したドキュメントとして出力しておけば、コンピューターを使用できないなどの万が一の場合にも利用することができます。

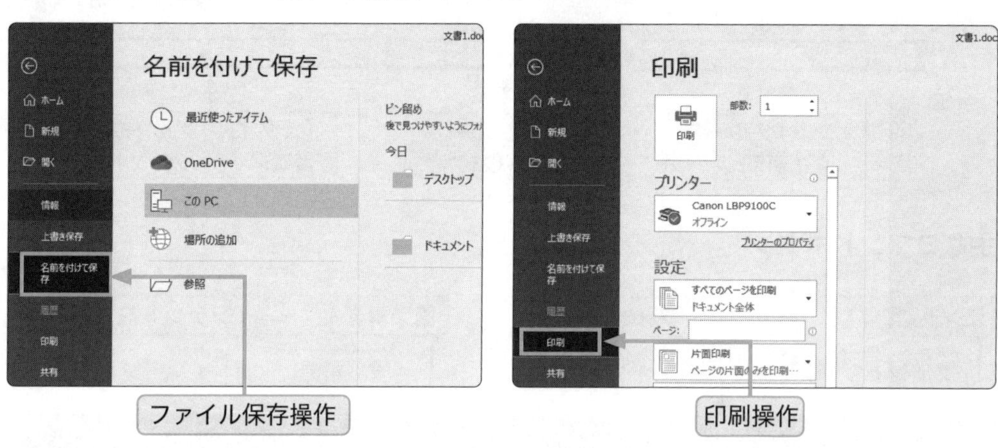

●文書の保存方法

作成した文書を残しておきたいときは、文書に名前を付けて保存します。［ファイル］タブの［名前を付けて保存］の［参照］ボタンをクリックし、「保存先」と「ファイル名」を設定の上、［保存］ボタンをクリックします。「保存先」については、授業・学習内容別、目的別などにフォルダを分けて作成しておき、必ず保存先を指定して整理をしながら保存していきます。「ファイル名」については、一目で内容や履歴がわかるように名づけます。Wordファイルはファイル名の後に「.docx」という拡張子が付きます。拡張子はファイルの種類を分類し、ファイルから開くときに使用するアプリケーションとの関連付けをする役目をしています。

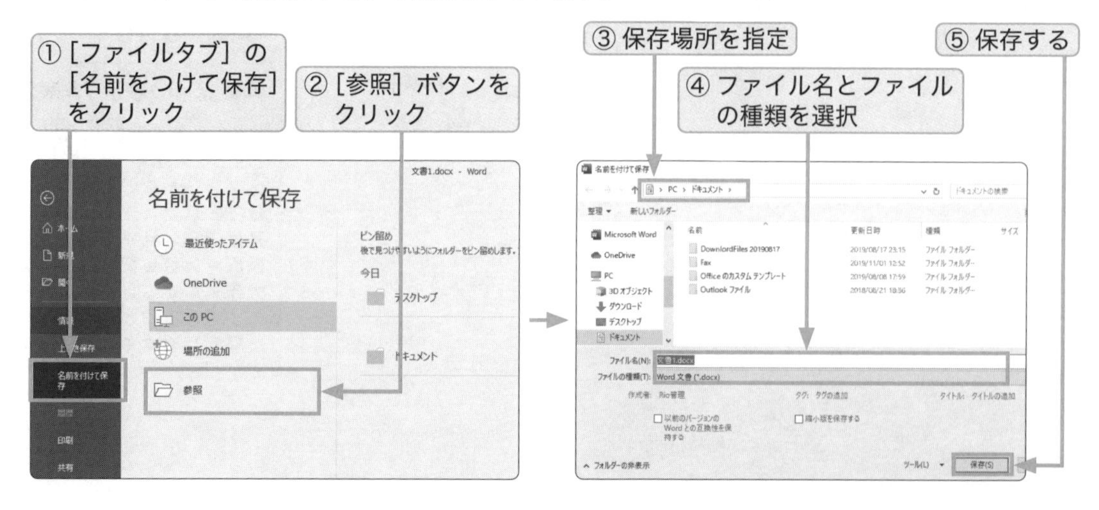

Word の基本操作「印刷」「プレビュー」

●文書の印刷

印刷プレビューで印刷イメージを確認してから印刷を実行することで、印刷ミスを防ぐことができます。文書を完成させたときは、印刷プレビューで状態を必ず確認しましょう。

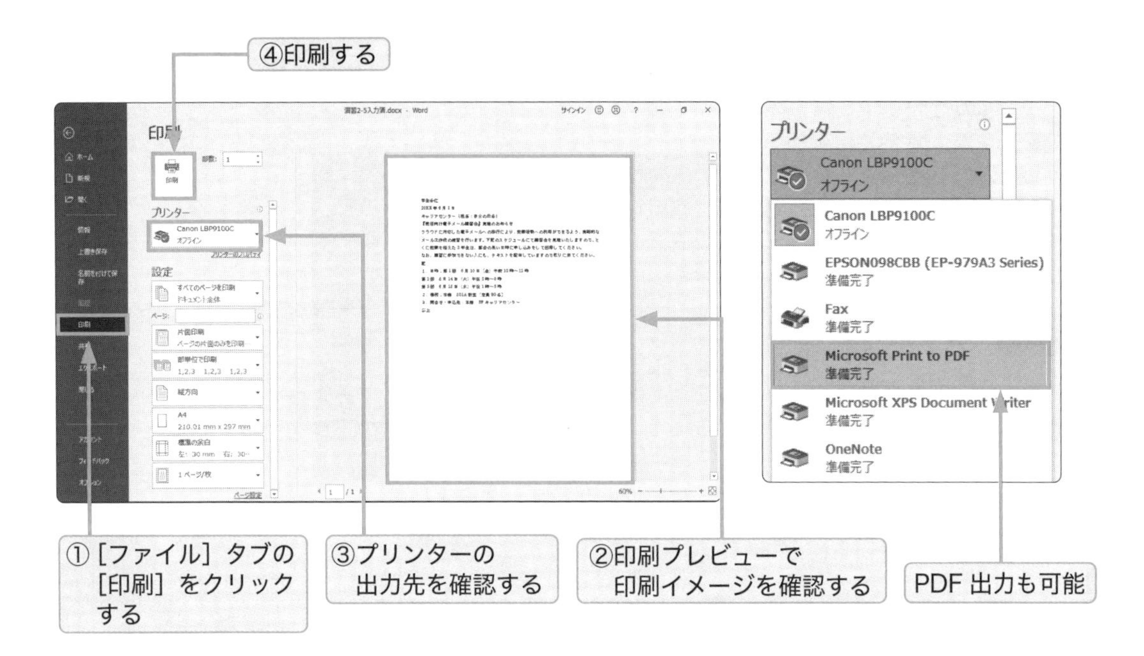

応用演習

ここで使用した以外のフォントや文字サイズも確認すること

コラム フォント(字体)

近年は、お年寄り、障がいのある方、外国人など、誰もが読みやすい「ユニバーサルデザインフォント (UD フォント)」というものが使われています。ゴシック体のように縦横の太さが同じで、ハネや流れがついています。

UDデジタル教科書体 N-B フォントの字体
UD デジタル教科書体 NK-B フォントの字体
UD デジタル教科書体 NK-R フォントの字体
UD デジタル教科書体 NP-B フォントの字体
UD デジタル教科書体 NP-R フォントの字体
UD デジタル教科書体 N-R フォントの字体

演習 2-1-3 書式の設定をしよう

太字や斜体、下線などの書式を設定することで、見出しや文章の一部を強調して表示できます。次の文を入力して、行ごとに書式の設定をしてみましょう。

演習内容

1. ①～⑥までの文章を入力し、それぞれの指示に従って書式設定をすること
2. ③～④の行間を 1.5 倍に設定すること
3. ⑤～⑥の行間を 2 倍にすること
4. 文字列のコピーや貼り付けをして、文章を修正してみること
5. 書式をコピーして、他の文字列に適用してみること

入力内容

① この文字列を太字にしてみよう　② この文字列を斜体にしてみよう
③ この文字列に下線を引いてみよう　④ この文字列に二重線の下線を引いてみよう
⑤ この文字列を線で囲んでみよう
⑥ この文字列に文字の色、網掛け、マーカーを設定してみよう

① この文字列を太字にしてみよう

② この文字列を斜体にしてみよう

③ この文字列に下線を引いてみよう

④ この文字列に二重線の下線を引いてみよう

⑤ この文字列を線で囲んでみよう

⑥ この文字列に文字の色、網掛け、マーカーを設定してみよう

完成イメージ

Word では、［ホーム］タブの［フォント］グループや［段落］グループにあるボタンなどで書式設定ができます。

Word の基本操作「文字列の選択」

●文字列の選択方法

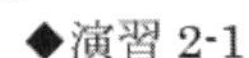

1 行全体を選択する場合は、左の余白部分をクリックします。複数行を選択する場合は、左余白を縦にドラッグします。

文字単位で選択する場合は、選択したい文字列をドラッグします。

●書式の設定手順

1. 書式を設定する文字列を選択
2. ［ホーム］タブの任意のボタン（→ p.35 参照）をクリック

Word の基本操作「コピー」「貼り付け」

●コピー・貼り付けの手順

［ホーム］タブの［クリップボード］グループのボタンを使用します。

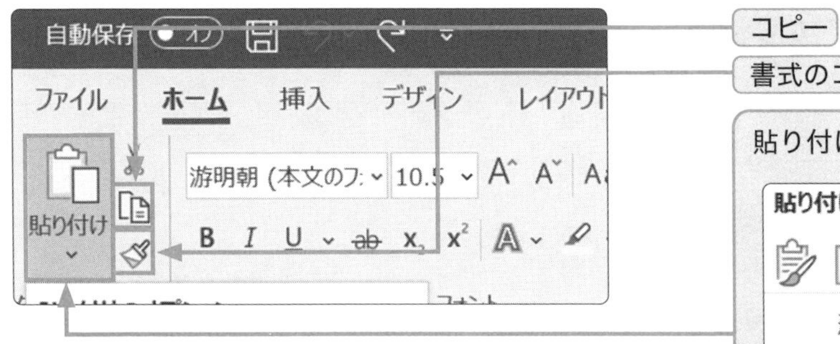

貼り付け

貼り付けのオプション:

形式を選択して貼り付け(S)...

既定の貼り付けの設定(A)...

貼り付けのオプションを利用すると、コピー元の書式のまま貼り付ける、書式のないテキスト情報だけを貼り付ける、図として貼り付けるなど、貼り付けの形式を選択することができます。Web からテキストを引用する際などは、そのまま貼り付けると表示が崩れてしまうことがありますが、テキストとして貼り付けることにより情報を利用しやすくなります。

【文字列のコピー手順】

1. コピー元の文字列を選択
2. ［クリップボード］グループの［コピー］ボタンをクリック

【書式のコピー / 貼り付け】

1. コピー元の文字列を選択
2. ［クリップボード］グループの［書式のコピー / 貼り付け］ボタンをクリック
3. コピー先の文字列をドラッグ

【文字の貼り付け手順】

1. コピー先にカーソルを移動
2. ［クリップボード］グループの［貼り付け］ボタンをクリック

応用演習

設定した書式設定を元に戻す方法を確認すること

演習 2-1-4　文字列の配置をしよう

文字列を行内に適切に配置することによって、意味が明確になり、文章はより分かりやすいものになります。

次の文を入力して、行ごとに適切な配置の設定をしてみましょう。

演習内容

1. ①を中央に配置（センタリング）すること
2. ②～③を右揃えで配置すること
3. ④を左揃えで配置すること
4. ⑤を中央に配置（センタリング）すること
5. ⑥～⑧を 8 字に均等割り付けすること
6. ⑨を右揃えで配置すること
7. ⑩を 1 行（ページ幅）に均等割り付けすること

入力内容

① 公開シンポジウムについて　② 20XX 年 10 月 1 日　③ 若木経済研究会
④ 下記のとおり、お知らせいたします。　⑤ 記　⑥ 開催日時　⑦ 場所
⑧ お問い合わせ　⑨ 以上　⑩ ご参加をお待ちしております。

公開シンポジウムについて

20XX 年 10 月 1 日
若木経済研究会

下記のとおり、お知らせいたします。

記

開　催　日　時
場　　　　　所
お 問 い 合 わ せ

以上

ご　参　加　を　お　待　ち　し　て　お　り　ま　す　。

完成イメージ

ヒント

Word では、［ホーム］タブの書式設定のボタンで配置の設定ができます。

Wordの基本操作「文字配置」「均等割り付け」

●配置の設定

配置の設定は、［段落］グループのボタンを使用します。Wordでいう段落とは、段落記号までを一区切りとする文を意味します。※デフォルトでは両端揃えになっています。

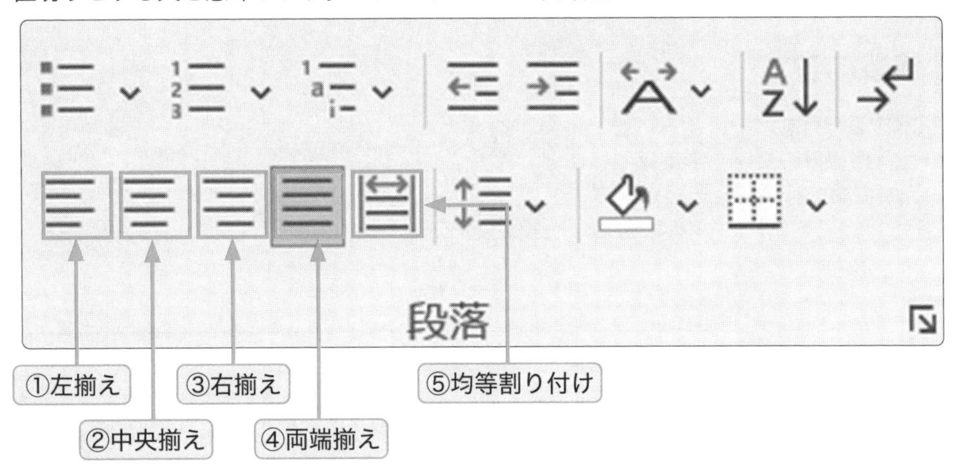

●均等割り付け

一定の幅に文字を等間隔で配置する機能のことで、2種類の設定があります。

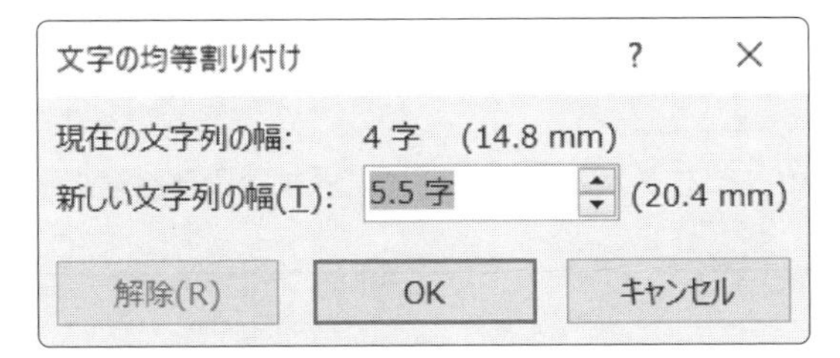

指定した文字数に均等割り付けする場合

文字列を選択して［均等割り付け］ボタンをクリックします。文字列を選択した場合、指定文字数分の幅に均等に文字を割り付けます。

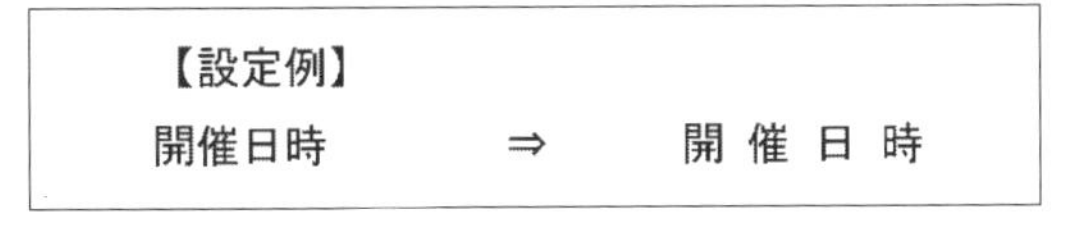

ページ幅に均等割り付けする場合

文字列にカーソルをおいて［均等割り付け］ボタンをクリックします。文字列を選択していないと行全体（ページ幅）の均等割り付けになります。

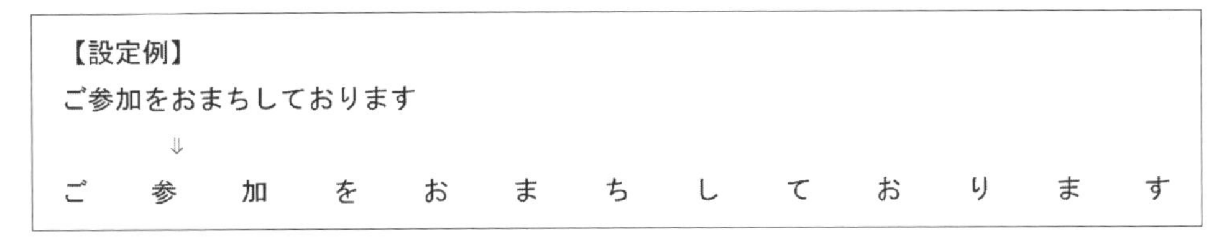

応用演習

設定した配置を元の設定に戻す方法を確認すること

演習 2-1-5 インデントと箇条書き・段落番号の設定をしよう

段落の行頭を字下げしたり、段落全体を余白から距離をとったりするにはインデント（字下げ）を設定します。箇条書きや順序を表すには行頭記号や段落番号を設定します。

次の文を入力して、字下げ、インデント、箇条書き、段落番号の設定をしてみましょう。

演習内容

1. ①〜②の 1 行目を字下げすること
2. ②の 2 行目以降の文字を字下げすること
3. ③の行頭に●の行頭記号を設定すること
4. ④の行頭に (1)、(2)・・・の段落番号を設定すること

入力内容

① 行の始まりの位置を字下げすることをインデントといいます。段落の 1 行目をインデントすることを字下げといいます。

② 段落の 2 行目以降を字下げすることをぶら下げインデントといいます。複数の段落にインデントを設定するには、対象の段落を範囲選択してインデントを設定します。右端の折り返し位置を調整することを右インデントといいます。

③ 左インデント・・・・・左余白から字下げする間隔のこと　1 行目のインデント・・段落の最初の行を字下げすること　ぶら下げインデント・・段落の 2 行目以降を字下げすること　右インデント・・・・・右余白からの間隔のこと

④ 段落内にカーソルを置く　段落番号ボタン横の矢印をクリックする　さまざまな段落番号の書式が表示される　任意の書式をクリックする

　行の始まりの位置を字下げすることをインデントといいます。段落の 1 行目をインデントすることを字下げといいます。

　段落の 2 行目以降を字下げすることをぶら下げインデントといいます。複数の段落にインデントを設定するには、対象の段落を範囲選択してインデントを設定します。右端の折り返し位置を調整することを右インデントといいます。

- 左インデント・・・・・　　左余白から字下げする間隔のこと
- 1 行目のインデント・・　　段落の最初の行を字下げすること
- ぶら下げインデント・・　　段落の 2 行目以降を字下げすること
- 右インデント・・・・・　　右余白からの間隔のこと

(1) 段落内にカーソルを置く
(2) 段落番号ボタン横の矢印をクリックする
(3) さまざまな段落番号の書式が表示される
(4) 任意の書式をクリックする

完成イメージ

Word では、[ホーム] タブの [段落の設定] ボタンでもインデント設定ができます。

Word の基本操作「箇条書き」「段落番号」

●箇条書きと段落番号設定

[ホーム] タブの [段落] グループにあるボタンを使用します。[箇条書き] ボタンは段落の行頭に記号（行頭文字）を挿入し、[段落番号] ボタンは段落の行頭に番号を挿入します。これらは書式設定の機能であり、文章を箇条書きに書き換えるものではありません。

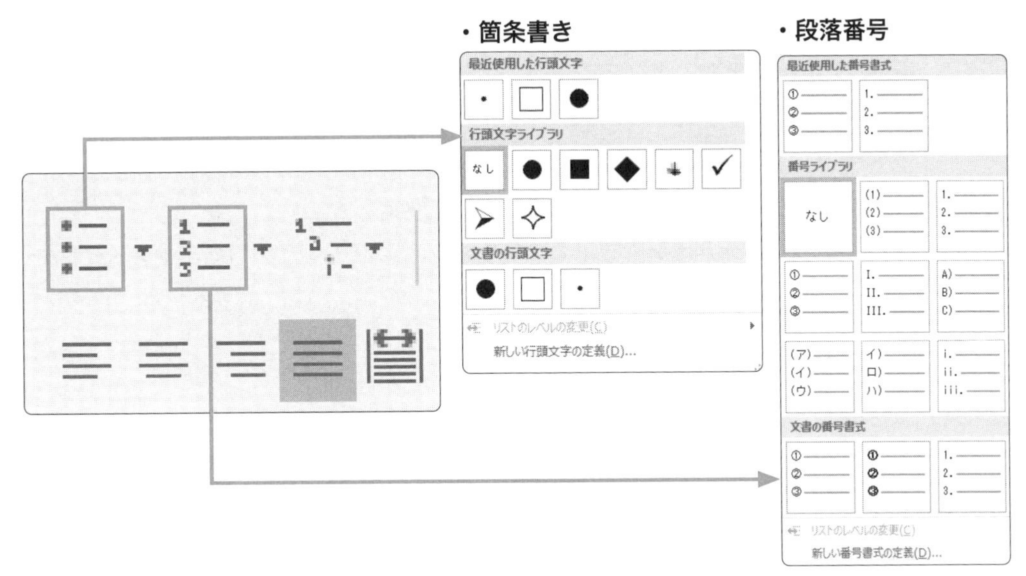

Word の基本操作「インデント」

●コマンドボタンからインデントを設定

文書の行頭や行末を変更するにはインデントを設定します。インデントは段落単位で設定されます。行頭の位置を左インデント、行末の位置を右インデントといいます。

【左インデントの設定】
段落を選択し、[ホーム] タブの [段落] グループの [インデントを増やす] ボタンをクリック
（1回クリックで1文字分右に移動）

【左インデントの解除】
段落を選択し、[ホーム] タブの [段落] グループの [インデントを減らす] ボタンをクリック
（1回クリックで1文字分左に移動）

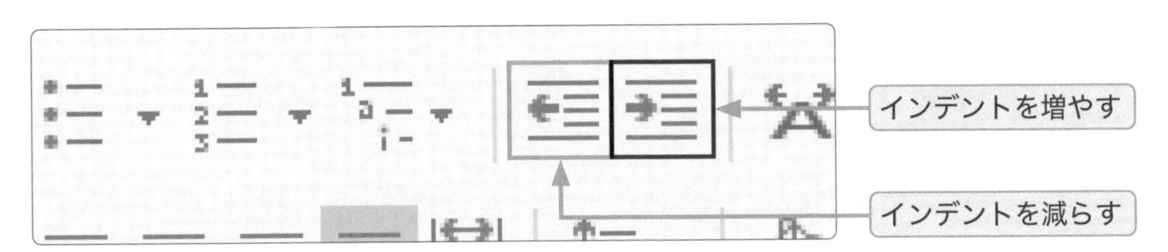

●ルーラーからインデントを設定

ルーラーを表示し、インデントマーカーをドラッグして行頭の位置や行末の位置などを設定します。ルーラーの数値は文字数を表しています。

【ルーラーの表示】
［表示］タブの［表示］グループにある［ルーラー］のチェックボックスをオンにする

【左インデントの設定】
段落を選択し、ルーラーの［左インデント］をドラッグする

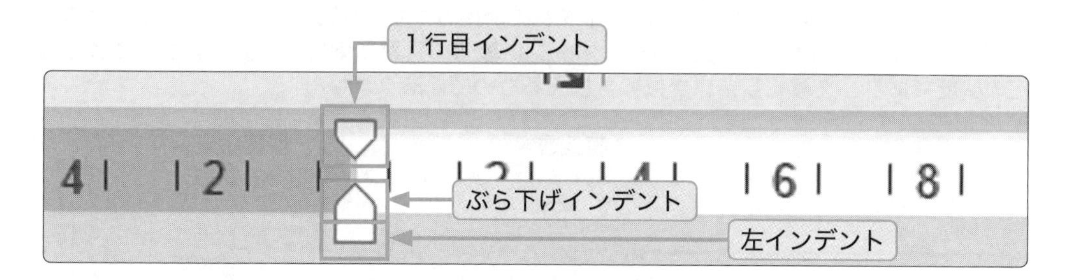

●［段落］ダイアログボックスからインデントを設定

［ホーム］タブの［段落］グループの右下をクリックし、［段落］ダイアログボックスを表示して設定します。

［最初の行］の［字下げ］は、1行目のインデントを設定します。

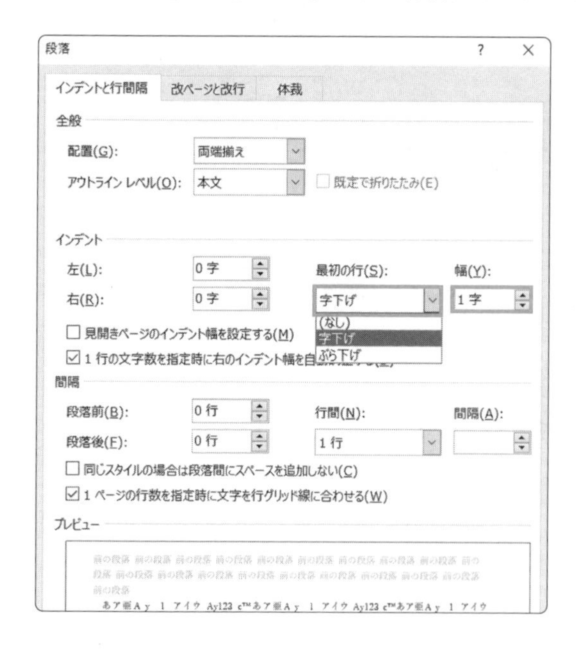

応用演習

設定したインデント、箇条書き、段落番号の変更方法と戻す方法を確認すること

演習 2-1-6 形式的な文書を作成しよう（通知文書）

伝達、連絡、告知など、一般的な通知文書を作成します。内容が明確に読み手に伝わるように、一定のルールに従って文を配置しましょう。

次の文を入力して、完成イメージのような文書形式を作成してみましょう。

演習内容

1. 以下のページ設定をすること
用紙サイズ……………………A4 判縦
上下左右余白…………………30mm
1 行文字数……………………40 文字
1 ページ行数…………………36 行
本文のフォント………………明朝体
本文の文字サイズ…………10.5 ポイント

2. 以下の書式設定をすること
① 宛先…………文字サイズ：11 ～ 12 ポイント、太字、下線を設定する
② 日付…………本日の日付を入力し、右に配置する
③ 差出人………自分の氏名を入力し、右に配置する
④ 表題…………フォント：ゴシック、文字サイズ：14 ～ 16 ポイント、均等割り付けを設定する
⑤ 本文…………段落の 1 文字目をインデントする
⑥ 記……………中央に配置する
⑦ 記書き………2 字分字下げ、行間：1.5 行、「第 2 回」「第 3 回」は「第 1 回」と左位置を揃える
⑧ 以上…………右に配置する

3. 完成イメージにあわせて空行を挿入し、読みやすい文書とすること

入力内容

① 在学生各位
② 20XX 年 9 月 10 日
③ 共通教育講師（担当：自分の氏名）
④「コンピューター文章学」講習会開催のお知らせ
⑤ Word で作成する文章には、ビジネス文書、レポート、論文などがあります。ちょっとしたコツを学んで「わかりやすい」「伝わってくる」そして人の心を動かすような文章を書いてみませんか？
本講座では、ベストセラー作家でもある担当教授による講演もあります。わかりやすい文章を Word で素早く作成するテクニック、プロのライターの文章作成術も紹介します。
⑥ 記
⑦ 1. 日時：第 1 回 10 月 10 日（木）午後 3 時～ 5 時
第 2 回 10 月 12 日（土）午前 10 時～ 12 時
第 3 回 10 月 16 日（水）午後 1 時～ 3 時
2. 場所：本館　301 教室
3. 問合せ・申込先：本館 3F　学修支援課
⑧ 以上

在学生各位

20XX 年 9 月 10 日
共通教育講師（担当：自分の氏名）

「コンピューター文章学」講習会開催のお知らせ

Word で作成する文章には、ビジネス文書、レポート、論文などがあります。ちょっとしたコツを学んで「わかりやすい」「伝わってくる」そして人の心を動かすような文章を書いてみませんか？

本講座では、ベストセラー作家でもある担当教授による講演もあります。わかりやすい文章を Word で素早く作成するテクニック、プロのライターの文章作成術も紹介します。

記

1. 日　時：第 1 回　10 月 10 日（木）午後 3 時～5 時
   第 2 回　10 月 12 日（土）午前 10 時～12 時
   第 3 回　10 月 16 日（木）午後 1 時～3 時
2. 場　所：本館　301 教室
3. 問合せ・申込先：本館 3F　学修支援課

以上

完成イメージ

Word には、いろいろな入力支援機能があり、作業時間短縮の手助けをしてくれます。

「記」と入力し改行キーを押すことで、「記」は中央に配置され、1 行空けて「以上」が右に配置され表示されます。

「1. 日時」と入力し改行キーを押すと、段落番号機能が適用され、次の行にも自動的に「2.」と表示されます。

文章入力の際には、これらの機能を有効に利用して、効率よく文章作成をしましょう。

「第 2 回」「第 3 回」の左位置を「第 1 回」と合わせるには、Alt キーを押しながらインデントマーカーをドラッグして微調整します。ルーラーの表示が切り替わることを確認しましょう。

Word の基本操作「用紙サイズの設定」

文書を作成する前に、用紙サイズ・余白・行数など基本的なレイアウトを設定します。用途に合わせあらかじめレイアウトを決めておくことで、完成イメージがつかみやすくなります。

●簡単な設定方法

［レイアウト］タブの［ページ設定］グループのボタンから個別に選択して設定します。

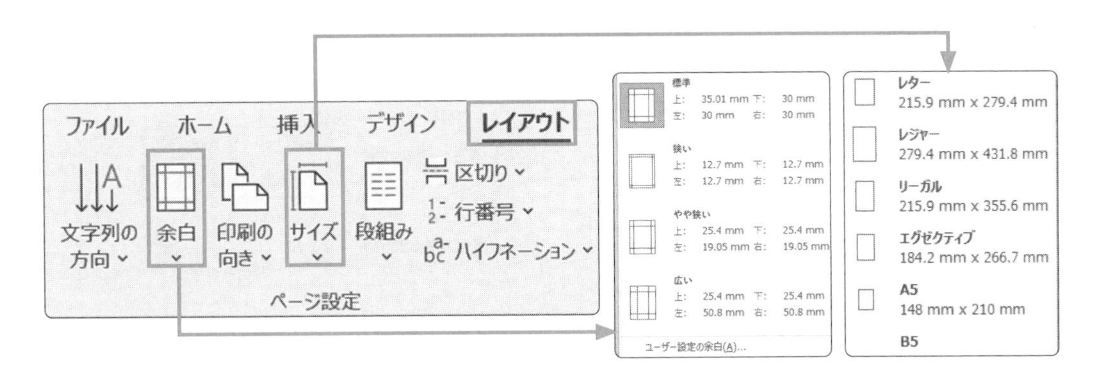

●詳細な設定方法

［レイアウト］タブの［ページ設定］グループの右下をクリックし、［ページ設定］ダイアログボックスを表示して設定します。

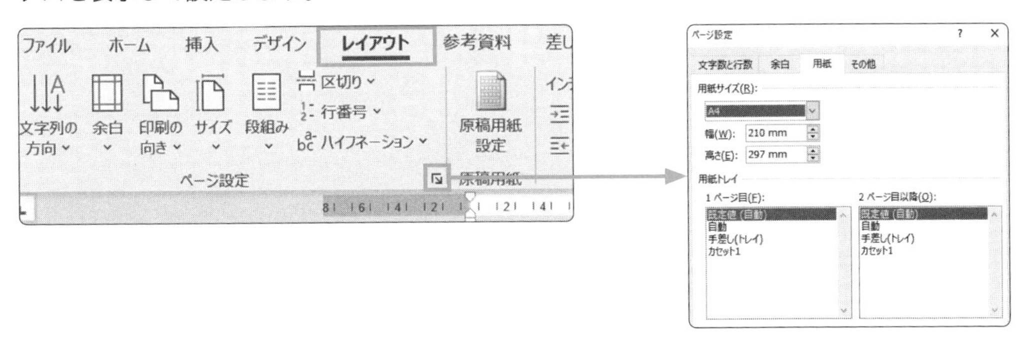

・［用紙］タブ

用紙サイズを決める

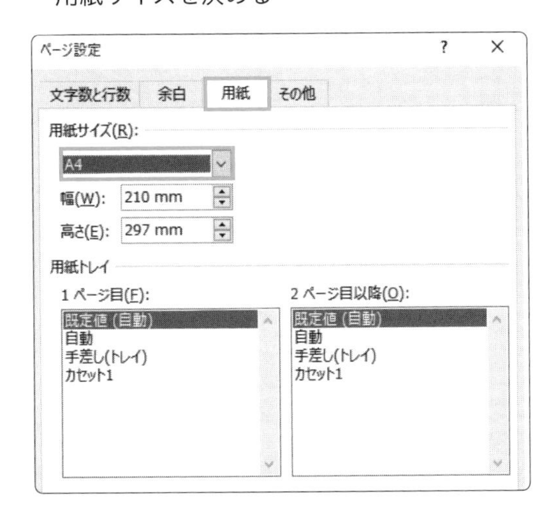

・［余白］タブ

用紙の向き、余白の大きさ、印刷形式を決める

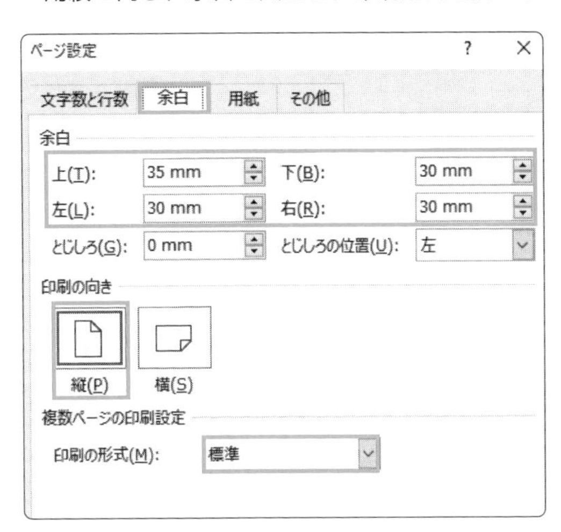

・[文字数と行数] タブ

縦書きと横書き、1 行の文字数と 1 ページの行数を決める

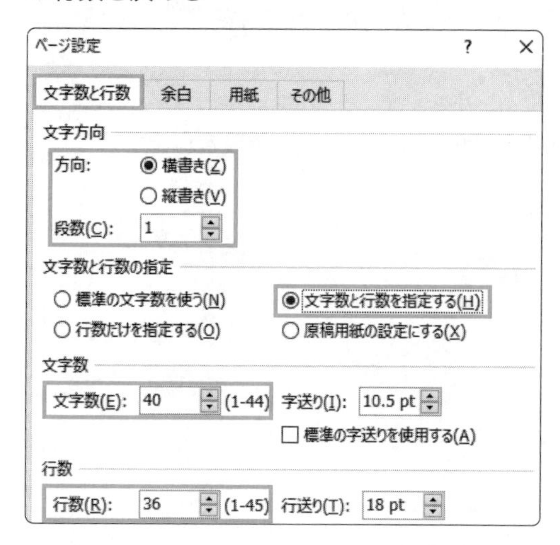

・[その他] タブ

ヘッダーとフッターの位置を決める

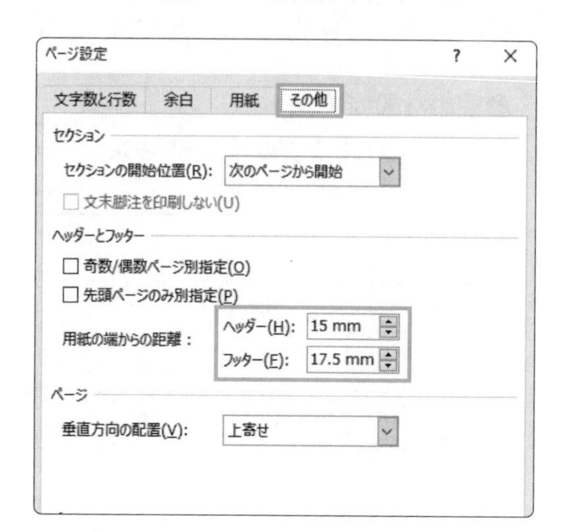

応用演習

部活動、ゼミ、イベントなどの身近な例で通知文書を作成してみること

演習 2-1-7 レジュメを作成しよう

セミナー参加などの報告書や調査・研究の発表資料として要約した文書（レジュメ）を作成します。ここでは、「持続可能な開発目標」（ＳＤＧｓ）についての発表をする際の資料を例として作成します。

次の文を入力して、完成イメージのようなレジュメを作成しましょう。

演習内容

1. 以下のページ設定をすること
用紙サイズ……………………A4 判縦
上下左右余白………………30mm
1 行文字数……………………38 文字
1 ページ行数………………36 行
本文のフォント……………明朝体
本文の文字サイズ…………10.5 ポイント

2. 以下の書式設定をすること
① 日付………………本日の日付を入力、右に配置
② 作成者……………作成者に自分の所属と氏名を入力して、右に配置
③ 表題………………文字サイズ：11 ～ 12 ポイント、太字、下に罫線を設定する
④～⑦ 見出し……行頭に段落番号を設定し、本文は箇条書きで入力する
⑧ 以上………………右に配置する

3. 完成イメージにあわせ空行を挿入し、読みやすい文書とすること

入力内容

① 20XX 年 12 月 10 日
② ○○学部○年　自分の氏名
③ レジュメ「持続可能な開発目標（SDGs）について」
④ 1.「持続可能な開発目標（SDGs）」とは
・持続可能な開発目標＝ Sustainable Development Goals
・2015 年 9 月の国連サミットにおいて全会一致で採択
・達成期限は 2030 年
・目標は「誰一人取り残さない」持続可能で多様性と包摂性のある社会の実現
・特徴
① 普遍性
② 包摂性
③ 参画型
④ 統合性
⑤ 透明性と説明責任
⑤ 2. SDGs 採択の背景
・ミレニアム開発目標（MDGs）の後継：残された課題への対応
・環境汚染や気候変動、自然災害など新たな課題への対応
・開発に関する主体の多様化など国際的な環境の大きな変化
⑥ 3. SDGs 達成への日本の取組
・国としての実施体制の構築
・SDGs 実施指針の策定
・ステークホルダーとの連携
・2030 アジェンダのグローバルな実施の支援
⑦ 4. 参考資料
・「持続可能な開発のための 2030 アジェンダと日本の取組」
（外務省国際協力局 2017 年 3 月発行）
・「持続可能な開発目標」（ＳＤＧｓ）について
（外務省 2019 年 1 月発行）
⑧以上

2019年12月10日
○○学部○年　自分の氏名

レジュメ「持続可能な開発目標（SDGs）について」

1.「持続可能な開発目標（SDGs）」とは
- 持続可能な開発目標＝Sustainable Development Goals
- 2015年9月の国連サミットにおいて全会一致で採択
- 達成期限は2030年
- 目標は「誰一人取り残さない」持続可能で多様性と包摂性のある社会の実現
- 特徴
  ① 普遍性
  ② 包摂性
  ③ 参画型
  ④ 統合性
  ⑤ 透明性と説明責任

2. SDGs採択の背景
- ミレニアム開発目標（MDGs）の後継：残された課題への対応
- 環境汚染や気候変動、自然災害など新たな課題への対応
- 開発に関する主体の多様化など国際的な環境の大きな変化

3. SDGs達成への日本の取組
- 国としての実施体制の構築
- SDGs実施指針の策定
- ステークホルダーとの連携
- 2030アジェンダのグローバルな実施の支援

4. 参考資料
- 「持続可能な開発のための2030アジェンダと日本の取組」
（外務省国際協力局　2017年3月発行）
- 「持続可能な開発目標」（ＳＤＧｓ）について
（外務省　2019年1月発行）

以上

完成イメージ

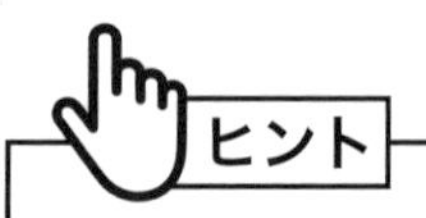

演習2-1-5（p.42）の解説にある「箇条書きと段落番号設定」を参考に、行頭記号や段落番号を設定してみましょう。同様にインデントも調整して見やすい配置になるようにしてみましょう。

応用演習

自身の発表やレポート資料など、身近な例でレジュメを作成してみること

演習 2-1-8 あいさつ文を作成しよう

自身の所属する組織以外、外部向けに発信する文書では本文を挨拶文形式にします。ここでは、一般的な形式の挨拶文を作成します。

次の文を入力して、完成イメージのように形式的なあいさつ文を作成してみましょう。

演習内容

1. 以下のページ設定をすること
用紙サイズ：A4 判縦
上下左右余白：30mm
1 行文字数：38 文字
1 ページ行数：32 行
本文のフォント：明朝体
本文の文字サイズ：10.5 ポイント

2. 以下の書式設定をすること
① 日付………本日の日付を入力、右に配置
② 宛先………文字サイズ：11 ～ 12 ポイント
③ 差出人……自分の情報を入力して、右に配置、電話番号、メールアドレスも右に配置
④ 表題………文字サイズ：16 ～ 18 ポイント、文字フォント：ゴシック、中央に配置
⑤ 本文………そのまま、または段落の 1 文字目を字下げする
⑥ 記…………中央に配置
⑦ 詳細事項…文字フォント：ゴシック、行頭に記号、12 字下げ、行間：1.5 行
⑧ 以上………右に配置

3. 完成イメージにあわせて空行を挿入し、読みやすい文書とすること

入力内容

① 20XX 年 6 月 4 日
② 若木システム株式会社　御中
③ 若木大學〇〇学部〇〇学科　自分の氏名
TEL　090-0000-0000　namae@example.com
④ 選考応募書類送付の件
⑤ 拝啓　貴社ますますご盛栄のこととお慶び申し上げます。
この度、貴社の採用選考に応募させていただきたく、下記のとおり応募書類をお送りいたします。
ご検討いただき、ご面談の機会をいただけますと幸いに思います。
ご査収のほど、どうぞよろしくお願い申し上げます。
敬具
⑥ 記
⑦ エントリーシート 1 通　履歴書 1 通　成績証明書 1 通
⑧ 以上

20XX 年 6 月 4 日

若木システム株式会社　御中

若木大學○○学部○○学科
自分の氏名
TEL　090-0000-0000
namae@example.com

選考応募書類送付の件

拝啓　貴社ますますご盛栄のこととお慶び申し上げます。

この度、貴社の採用選考に応募させていただきたく、下記のとおり応募書類をお送りいたします。

ご検討いただき、ご面談の機会をいただけますと幸いに思います。

ご査収のほど、どうぞよろしくお願い申し上げます。

敬具

記

■　エントリーシート　1 通

■　履歴書　1 通

■　成績証明書　1 通

以上

完成イメージ

Word には、いろいろな入力支援機能があり、作業時間短縮の手助けをしてくれます。

「記」と入力し改行キーを押すことで、「記」は中央に配置され、1 行空けて「以上」が右に配置されて表示されます（→ p.46 参照）。手紙文の「拝啓」と入力し改行キーを押すことで、自動的に文末に「敬具」が右揃えで挿入されます。同様に「謹啓」と入力すると「謹白」が表示されます。

［挿入］タブ、［テキスト］グループの［あいさつ文の挿入］ボタンを使用すると、手紙の形式的なあいさつ文を簡単に挿入できます。

あいさつ文の挿入

［挿入］タブの［テキスト］グループの［あいさつ文の挿入］ボタンをクリックして設定します。あいさつ文を利用すれば、時候のあいさつを選択することで定形の文章を簡単に作成できます。［起こし言葉］、［結び言葉］にはそれぞれ、文章の転換や結びの言葉の定形文が用意されています。

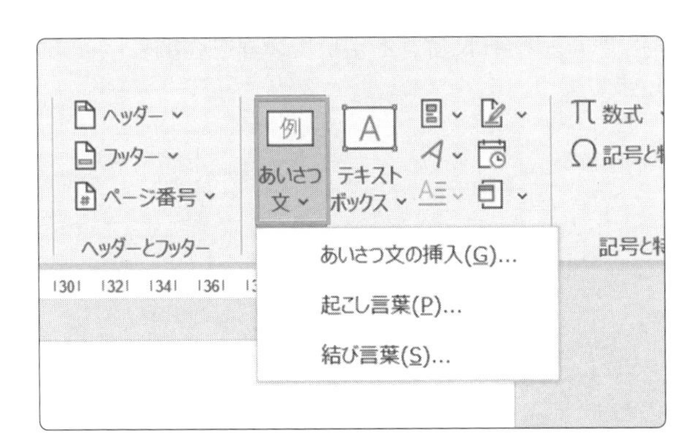

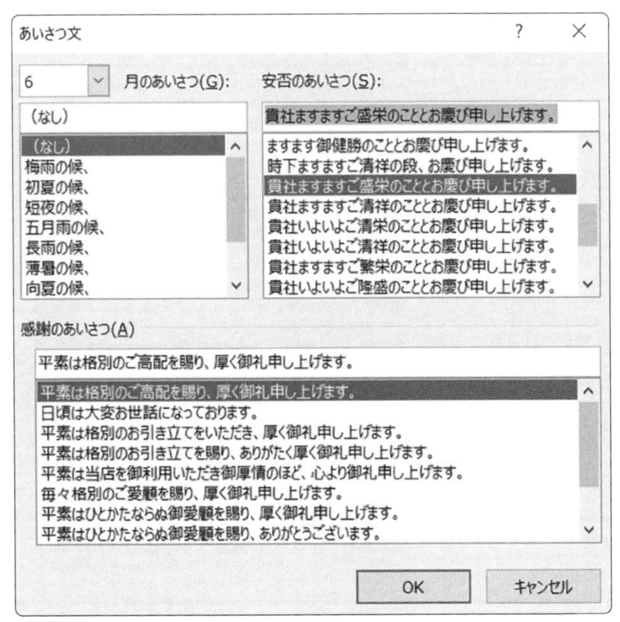

応用演習

入力する文章を変更して身近なものを例に、挨拶文を作成してみること

2-2 表作成

演習 2-2-1 段落に罫線を引こう

内容に合わせて文章を区切る場合や、文字列を強調する場合は、罫線を引いて境界を強調表示します。次の文を入力して、段落ごとに罫線の設定をしましょう。

演習内容

1. ①の下に罫線を設定すること
2. ②の上下に罫線を設定すること
3. ③の上下左右に罫線を設定すること
4. ④に影付きの罫線（上と左は細い罫線、下と右は太い罫線）を設定すること
5. ⑤に上下左右すべて異なる罫線を設定すること

入力内容

① このキリトリ線で切り取って提出してください
② ボランティア活動参加者の募集お知らせ
③ 演劇サークル新人発掘オーディション
④【チケット情報】大学祭メインコンサート
⑤ 第１章　コンピューターの基礎

① このキリトリ線で切り取って提出してください

② ボランティア活動参加者の募集お知らせ

③ 演劇サークル新人発掘オーディション

④ 【チケット情報】大学祭メインコンサート

⑤ 第１章　コンピューターの基礎

完成イメージ

ヒント

Word では、［ホーム］タブの［段落］グループの［罫線］ボタンを使用して設定ができます。文字列の下に線を引く［下線］ボタンとの違いに注意しましょう。

段落に罫線を引く

●段落全体を罫線で区切る・罫線で囲む

段落全体を選択してから、罫線を引きましょう。文字列を選択すると文字囲みになるので注意が必要です。

［ホーム］タブの［段落］グループにある［罫線］ボタンの▼をクリックし、［線種とページ罫線と網かけの設定］をクリックします。

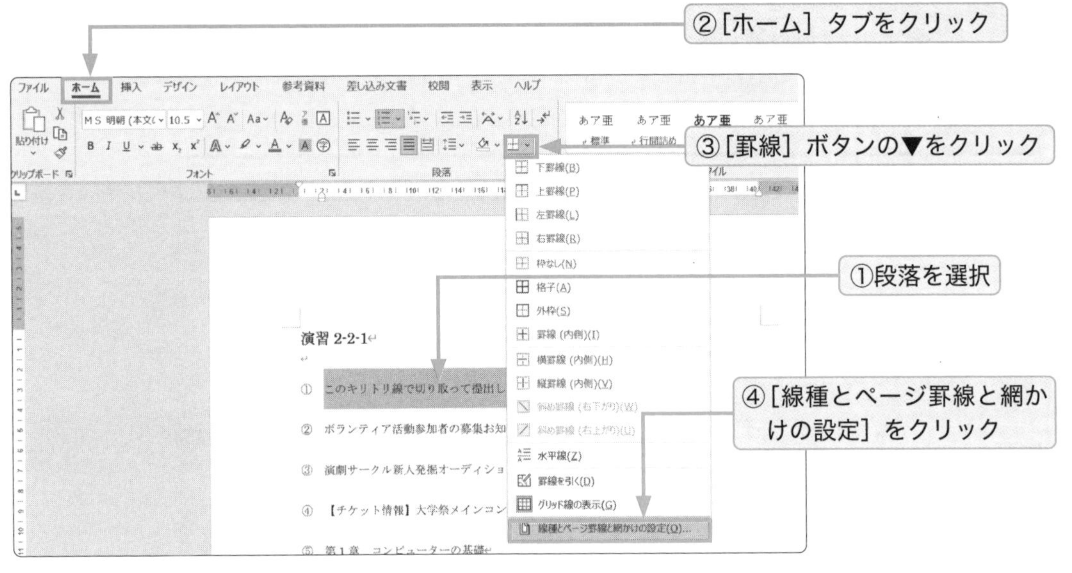

●段落罫線のアレンジ

［線種とページ罫線と網掛けの設定］ダイアログを使用します。
プレビュー内にあるボタンをクリックし、罫線を引く位置を指定します。

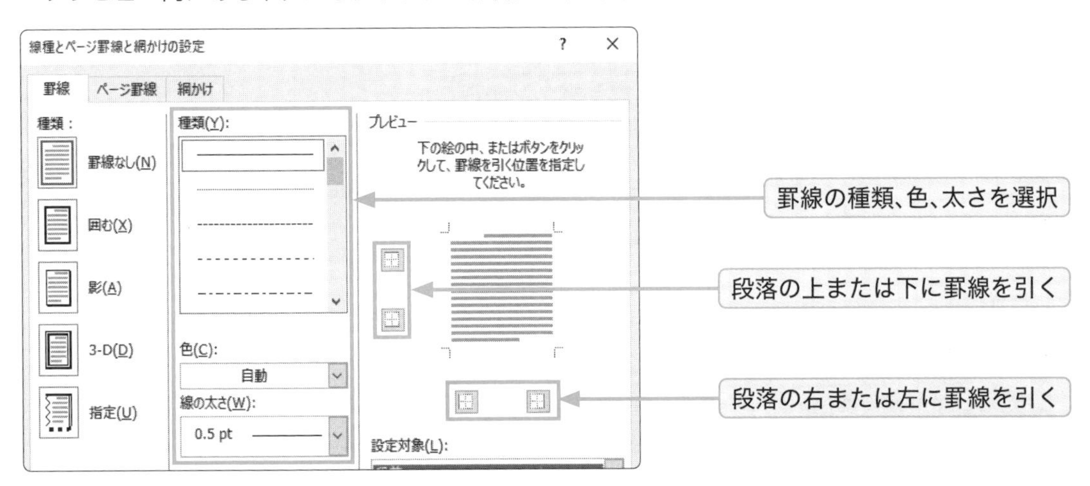

●段落罫線と下線の違い

段落罫線と下線の違いを確認しましょう。

段落罫線

「段落」の指定された場所に設定する線のことです。ページ幅に表示されます。
[ホーム] タブの [段落] グループにある [罫線] ボタンから設定します。

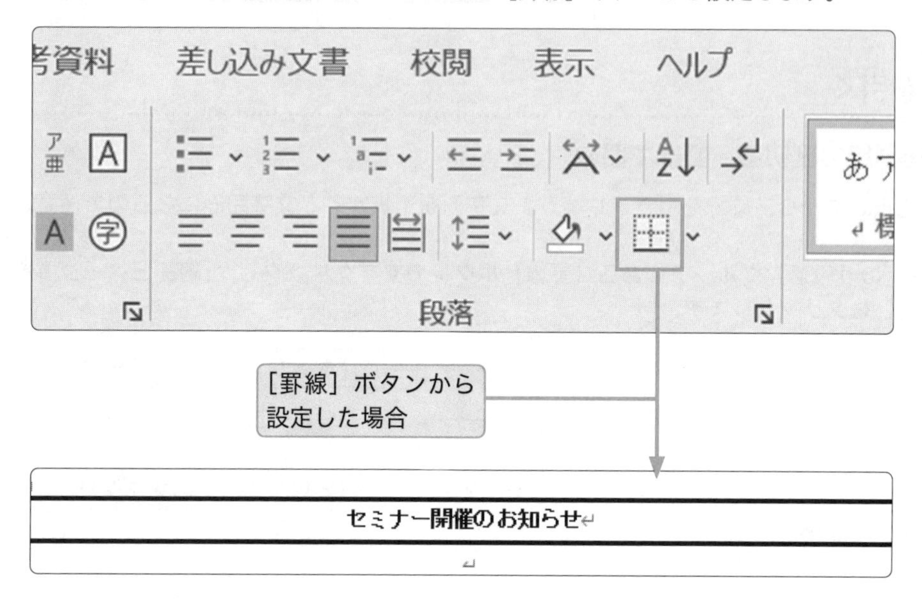

下線

文字の下のみに設定する線のことです。
[ホーム] タブの [フォント] グループにある [下線] ボタンから設定します。

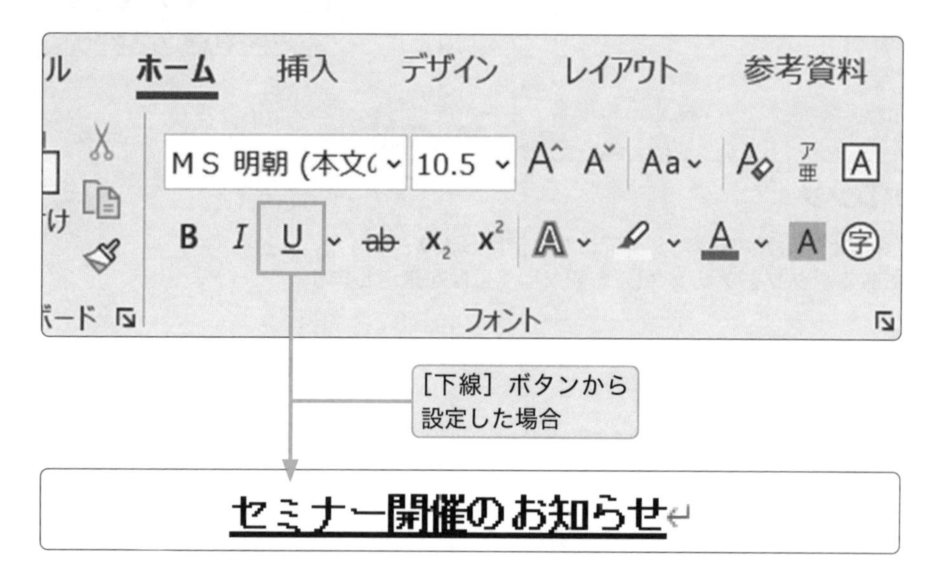

1. 設定した罫線の種類、太さ、色の変更方法と戻す方法を確認すること
2. 設定した罫線の解除方法を確認すること

演習 2-2-2 罫線を引いて表を作成しよう（申込書作成）

罫線で囲むように線を引くことによって、表を作成することができます。表とは、行と列で構成された格子状の区切り枠のことです。
演習 2-1-6 で作成した通知文書の下に、申込書の表を作成してみましょう。

演習内容

1. 行の下に、切り取り線となるように罫線を引くこと
2. 表題の下に、外枠を作成した後、罫線で区切り、表を作成すること
3. 文字を入力し、セルの中央や垂直に対し中央などの文字配置を設定すること

<キリトリ線>

- -

「コンピューター文章学」講習会申込用紙

学　部		学　科		学　年	
氏　名		E-mail			
申込日	□　第 1 回　10 月 10 日（木）午後 3 時～5 時				
	□　第 2 回　10 月 12 日（土）午前 10 時～12 時				
	□　第 3 回　10 月 16 日（木）午後 1 時～3 時				

※申込日のチェックボックスにチェックを記入してください

完成イメージ

ヒント

Word では、［挿入］タブ［表］グループの機能を使って、表を挿入することができます。自由な大きさの罫線を引き、区切るように罫線で囲むには、外枠を罫線で囲んでから作業をしていきます。

表とは

行と列で構成された格子状の区切り枠です。行と列を混同しないようにしましょう。

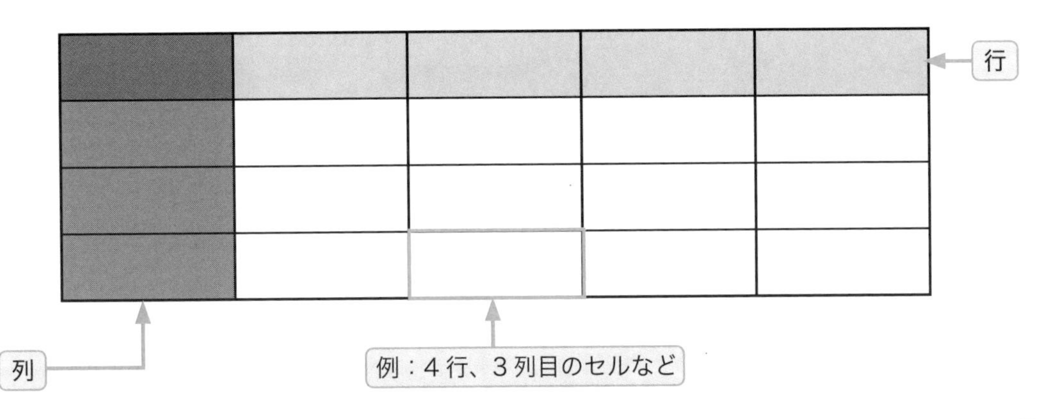

表を作成する

先に外枠罫線を引き、外枠で囲んでから中を区切るように罫線を引いていきます。[挿入]タブの[表]グループにある[罫線を引く]をクリックし、マウスのドラッグ操作で罫線を引きます。

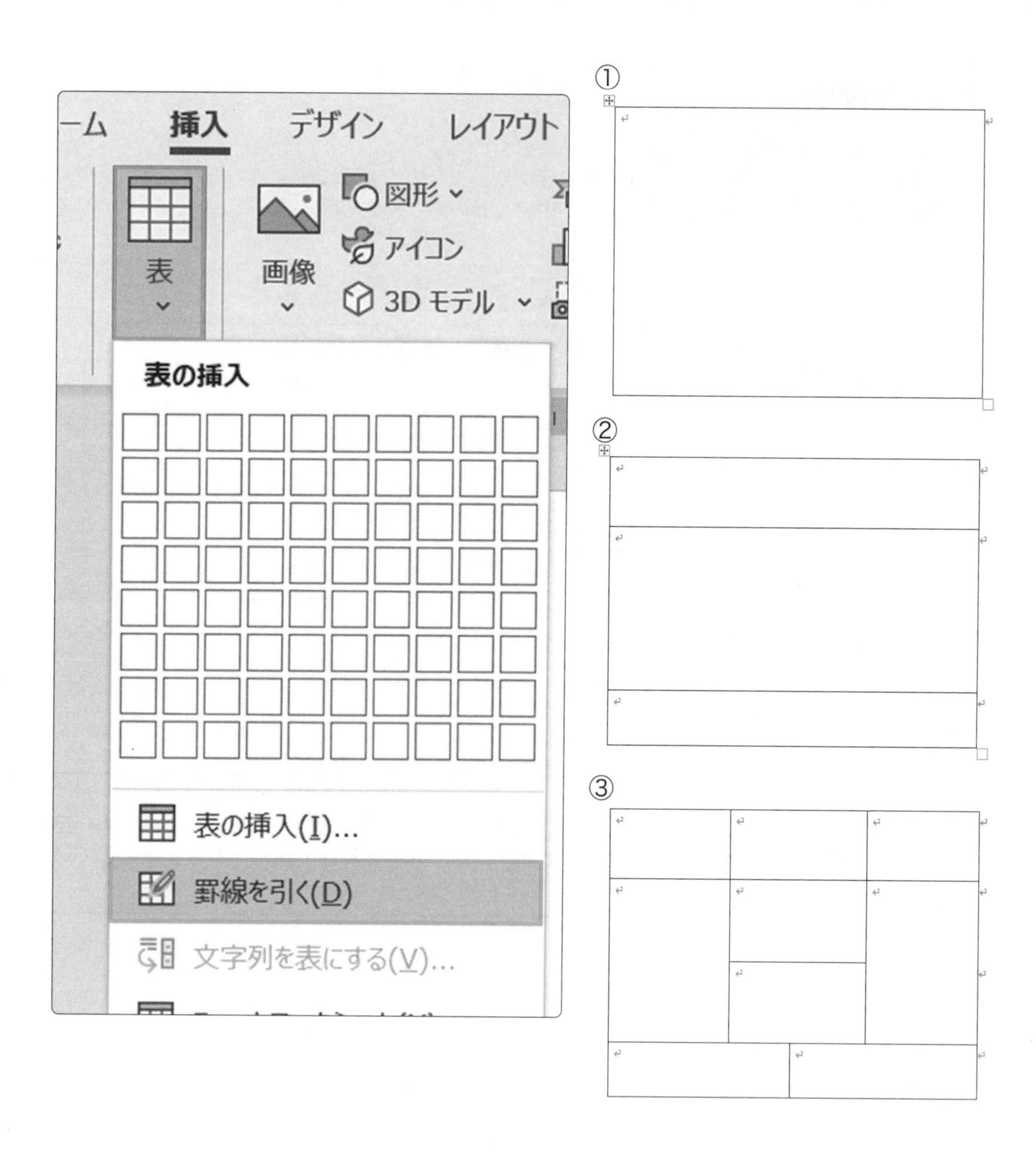

作成した罫線囲みや表をアレンジする

必ず、作成・編集している表の一部をクリックしておきましょう。
セル内の編集には、[ホーム] タブの書式設定関連のコマンドも利用可能です。

●罫線囲みを作成した後・表を挿入した後の線のアレンジ

[テーブルデザイン] タブから設定します。

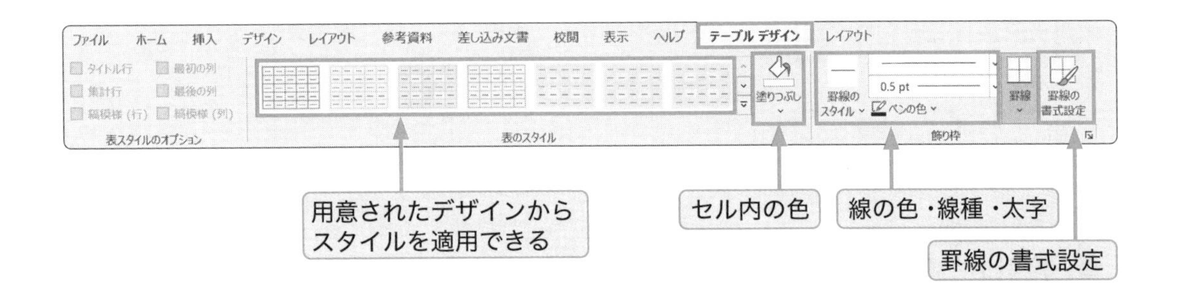

●罫線を引いた後・表を挿入した後の行列や文字列のアレンジ

[レイアウト] タブから設定します。

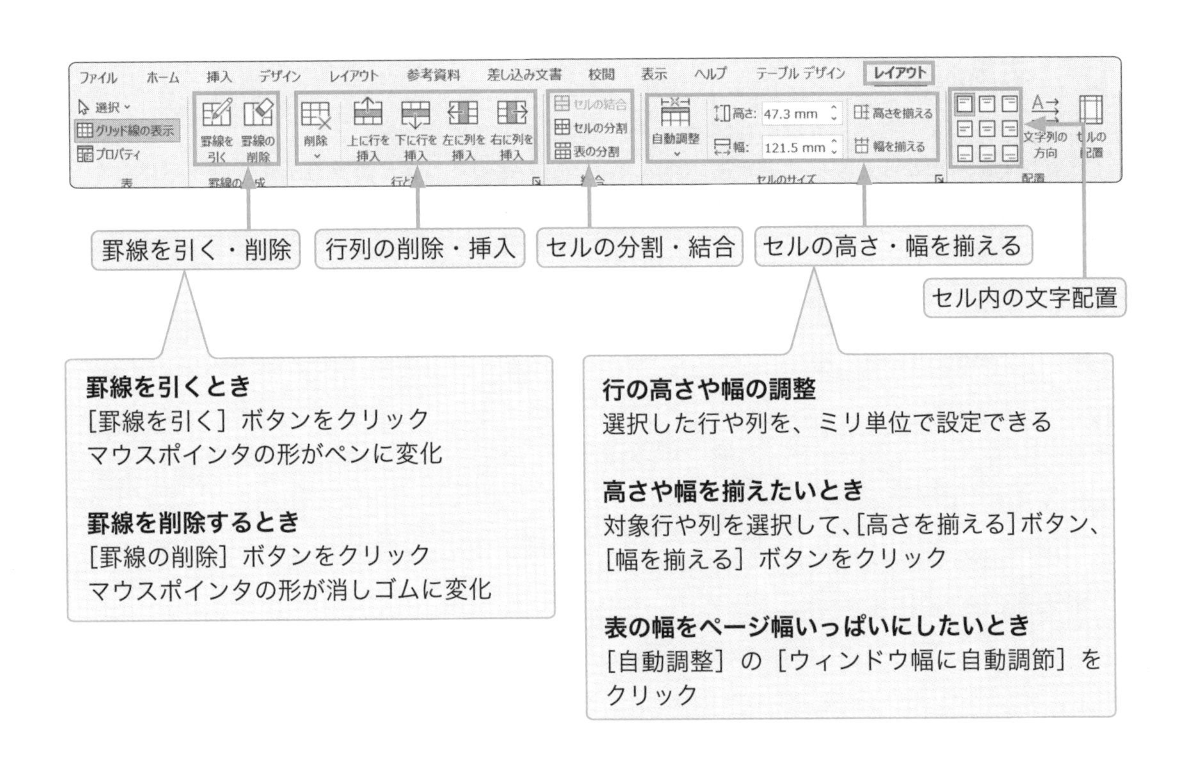

●文字配置

［レイアウト］タブから設定します。表のセル幅やセルの高さに対して、文字の配置が設定できます。セルの中心に文字を配置したい場合は、［中央揃え］ボタンを利用します。

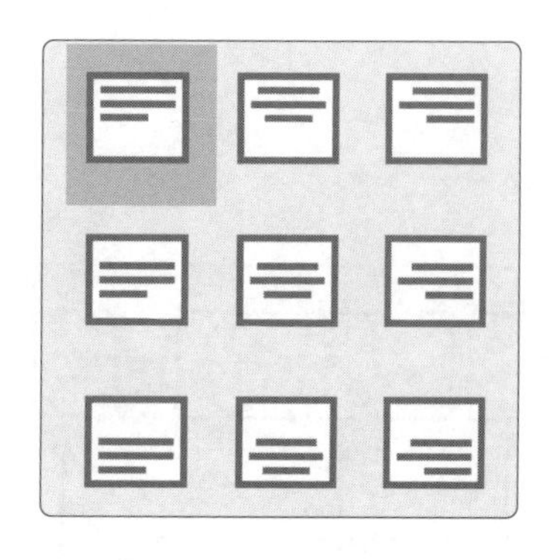

左上	中央上	右上
左中央	中央	右中央
左下	中央下	右下

●一度引いた罫線の種類を変えるには

罫線や表を作成したあと、線の種類を変更するには、［テーブルデザイン］タブ、［飾り枠］グループで、線の種類や太さを変更したあと、［罫線の書式設定］ボタンを使って、線を上書きするように書き直します。書いたあとは、もう一度［罫線の書式設定］ボタンをクリックして解除します。

応用演習

1. 罫線を削除する方法、罫線の種類を変更する方法を確認すること
2. 罫線で囲んだセルの幅や高さを揃える、ミリ単位で合わせるなど調整方法を確認すること
3. セル内の文字配置方法や、セル内を塗りつぶす方法を確認すること

演習 2-2-3 表を挿入しよう

文書に一覧を作成するには、罫線で囲んだ表形式を利用することがあります。
次の完成イメージのような表形式の一覧表を作成してみましょう。

演習内容

1. 6 行 ×6 列の表を挿入して、文字列を入力すること
2. 1 列目の幅を文字数に合わせ狭く、2 列目以降は同じ幅に調整すること
3. 1 行目の項目は文字列を太字にし、セルの中央に配置すること
4. 2 ～ 6 行目の行の高さを同じに調整すること
5. 外枠、1 列目と 2 列目の間、1 行目と 2 行目の間は、それぞれ罫線を太くすること
6. 行や列の数が足りない場合は追加、多い場合は削除すること

	月	火	水	木	金
1	ｺﾝﾋﾟｭｰﾀｰ演習		中国語基礎		フランス語
2		英語 I		東洋史	経営学
3	基礎演習		スポーツ	教育の原理	
4	経済史				
5				英会話	

完成イメージ

ヒント

Word では、表内をクリックして表示される［テーブルデザイン］タブと［レイアウト］タブで表を修正、変更することができます。［テーブルデザイン］タブではセルの色や罫線の修正、変更をします。［レイアウト］タブでは罫線の追加と削除、行や列の追加と削除、セルの分割や結合、高さや幅の設定、セル内の文字配置を設定します。

表の挿入

必要な行数・列数を指定して表を作成します。作成方法は２つの方法があります。

① [挿入] タブの [表] グループにある [表の追加] ボタンをクリックし、行数・列数をドラッグ

② [挿入] タブの [表] グループにある [表の追加] ボタンをクリックし、[表の挿入] をクリックして列数と行数を入力

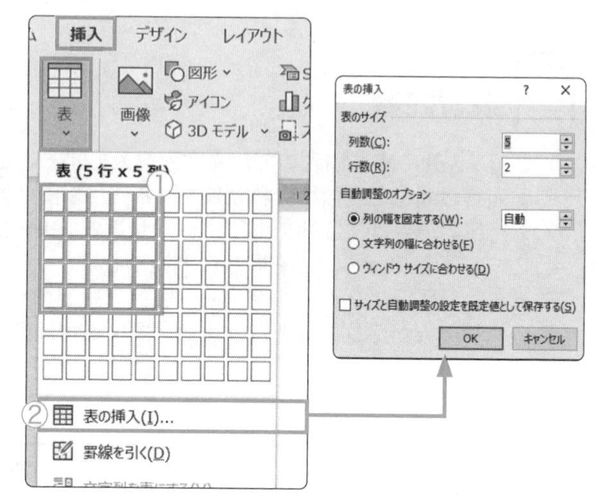

列幅の変更

列の境界にある罫線をドラッグして、列幅を変更することができます。

1. 対象列の右側にある罫線にマウスポインタを合わせる

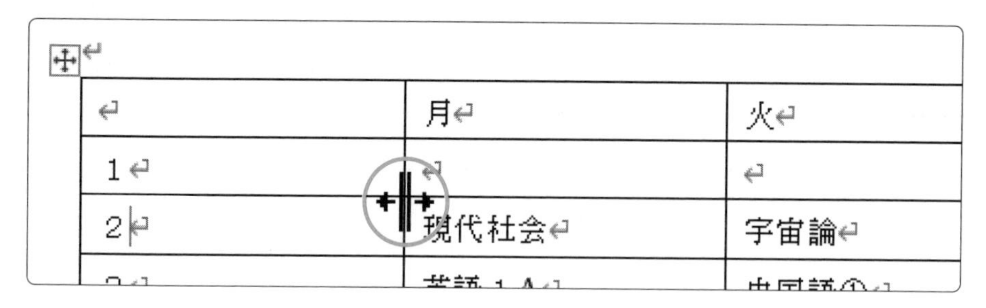

	月	火
1		
2	現代社会	宇宙論

2. マウスポインタの形が ✛‖✛ になったらドラッグする

	月	火
1		
2	現代社会	宇宙論

ダブルクリックすると、列内にある最長の文字列に合わせて、列幅が自動調整されます。

表内のカーソル移動

移動方向	キー
右のセルへ移動	Tab キーまたは → キー
左のセルへ移動	Shift + Tab キーまたは ← キー

表の選択

表全体を選択すれば、表全体に対して幅や高さの調整やフォントなどの書式も設定できます。

選択対象	操作方法
表全体	表内をポイントし、表の左上の ⊞ をクリック
セル	セル内左端をマウスポインタの形 ➚ でクリック
行	行の左端をマウスポインタの形 ↗ でクリック
列	列の上側をマウスポインタの形 ⬇ でクリック

応用演習

1. 行や列の追加方法、削除方法を確認すること
2. 行の高さや列の幅の変更方法、揃える方法を確認すること

演習 2-2-4 いろいろな表を作成しよう

身近なものを題材にして、いろいろな表を作成してみましょう。
次の完成イメージのような表形式の一覧表を作成しましょう。

演習内容

1. 必要になる行数と列数を数え、表を挿入すること
2. 複数のセルにまたがる項目は、セルの結合をすること
3. 1 行目の項目欄はセルや文字列を強調すること
4. 行の高さや列の幅は、同じになるよう調整すること
5. 1 行目と 2 行目の間は罫線を二重罫線に変更すること
6. 完成イメージ 2 の 1 行目は、罫線なしを設定して線を消すこと

	テーマ	ポイント
第 1 回	コンピューター文章作成の基礎	Word のテクニックを学ぶ
第 2 回	文章の作成術	相手が求めている事を想像する文章とは何か
第 3 回	わかりやすさと伝わる文章	受講生間で振り返りディスカッションをする

完成イメージ 1

47 都道府県魅力度ランキング

順位	前年順位	都道府県	魅力度	順位	前年順位	都道府県	魅力度
1	1	北海道	61.0	6	7	大阪府	32.9
2	2	京都府	50.2	7	6	奈良県	30.0
3	3	東京都	43.8	8	8	福岡県	29.6
4	4	沖縄県	40.4	9	11	石川県	25.4
5	5	神奈川県	34.5	10	9	長野県	24.8

ブランド総合研究所「地域ブランド調査 2019」

完成イメージ 2

表を挿入したあとは、[テーブルデザイン] タブ、[レイアウト] タブのコマンドボタンを使用してセルや罫線の調整を行います。

応用演習

1. 完成イメージ 1 の表を演習 2-1-6 の下に追加してみること
2. [罫線なし] にした場合、どのように印刷されるか確認すること
3. 身近にある事例でいろいろな表を作成してみること

演習 2-2-5 表のある文章を作成しよう（案内文書作成）

サークル活動案内、クラス会の案内など、案内文書には様々な情報を記載します。情報を分かりやすく表示する１つの手段として表の活用は有効です。

次の完成イメージのように、同窓会の案内文書を作成してみましょう。

演習内容

1. 以下の書式設定をすること

①日付、発信者名…右に配置する
②２行目の宛先……文字サイズ：12 ポイント
③４行目の標題……文字サイズ：16 ポイント、中央に配置する
④本文………………１行目を１文字下げする
⑤記…………………中央に配置
⑥記書き詳細………字下げ：６字、行間：1.5
完成イメージを参考に各項目の詳細は行の開始位置を揃える
⑦以上………………右に配置
⑧幹事一覧…………完成イメージを参考に表を挿入し、文字を入力する
役職、総会幹事会、学部別幹事は、セルを結合する

2. 完成イメージにあわせ空行を挿入し、読みやすい文書とすること

入力内容

① 20XX 年 10 月 22 日　100 期会事務局　自分の氏名　②第 100 期卒業生各位
③ 100 期会総会開催のお知らせ
④ 皆様からのご支援を賜り、この度、100 期会総会を開催する運びとなり、厚く御礼申し上げます。
つきましては、第 100 期卒業生の皆さまに、下記のとおり開催をご案内いたしますので、万障お繰り合わせのうえ、ご参加くださいますようお願い申し上げます。
⑤ 記
⑥ 日時　20XX 年 12 月 20 日（金曜日）　18 時から 21 時
※詳細は、添付のプログラムを参照ください。
会場　ホテル・ニッポン「菊の間」
住所　東京都渋谷区若木 1-1-1
電話番号　03-XXXX-XXXX
費用　事前振込　9,000 円　　当日　10,000 円
振込先　やまと銀行渋谷支店　普通 0010023
（恐れ入りますが振込手数料はご負担ください。）
⑦ 以上
⑧ 総会幹事一覧（カッコ内は旧姓）

役職		氏名	所属クラス
総会幹事会	会長	山本　誠	法学部 C 組
	副会長	伊藤　太郎	経済学部 F 組
	会計	鈴木（田中）洋子	文学部 A 組
学部別幹事	経済学部	太田　勇	経済学部 A 組
	法学部	大沢（井口）佳子	法学部 C 組
	文学部	小川　徳雄	文学部 D 組
	人間科学部	山田　俊樹	人間科学部 B 組
	情報科学部	野本　敦夫	情報科学部 D 組

20XX 年 10 月 22 日

第 100 期卒業生各位

100 期会事務局　自分の氏名

100 期会総会開催のお知らせ

皆様からのご支援を賜り、この度、100 期会総会を開催する運びとなり、厚く御礼申し上げます。つきましては、第 100 期卒業生の皆さまに、下記のとおり開催をご案内いたしますので、万障お繰り合わせのうえ、ご参加くださいますようお願い申し上げます。

記

日　時　　20XX 年 12 月 20 日（金曜日）　18 時から 21 時

※詳細は、添付のプログラムを参照ください。

会　場　　ホテル・ニッポン「菊の間」

住所　東京都渋谷区若木 1-1-1

電話番号　03-XXXX-XXXX

費　用　　事前振込　9,000 円　　当日　10,000 円

振込先　やまと銀行渋谷支店　普通 0010023

（恐れ入りますが振込手数料はご負担ください。）

以上

総会幹事一覧（カッコ内は旧姓）

役職		氏名	所属クラス
総会幹事会	会長	山本　誠	法学部 C 組
	副会長	伊藤　太郎	経済学部 F 組
	会計	鈴木（田中）　洋子	文学部 A 組
学部別幹事	経済学部	太田　勇	経済学部 A 組
	法学部	大沢（井口）　佳子	法学部 C 組
	文学部	小川　徳雄	文学部 D 組
	人間科学部	山田　俊樹	人間科学部 B 組
	情報科学部	野本　敦夫	情報科学部 D 組

完成イメージ

これまで演習した通知文や申込書の例を参考に、Word のインデント機能、表の挿入などをして、情報を伝えやすくなるよう作成します。

応用演習

記書きを箇条書きにする、表を編集するなど、より見やすくなる工夫をしてみること

2-3 図形操作

Word や Excel、PowerPoint では、［挿入］タブから画像や図形、テキストボックスなどを挿入して利用することができます。基本図形や画像などを利用することにより、より理解しやすく、印象深い形で、情報を文書に表すことができます。

演習 2-3-1 基本図形を利用しよう

直線、四角形、円など、基本図形の描画、編集、変形をしてみましょう。
次の完成イメージを参考に、基本の図形を利用してみましょう。

演習内容

1. 直線、四角形、三角形、円などを描き、移動、複写、削除をすること
2. 直線の長さ、方向、太さ、種類、色を変更すること
3. 図形を回転すること
4. 図形の縦横の長さ、サイズ、枠線の太さ、種類、色を変更すること
5. 図形の中、塗りつぶしの色を変更すること
6. 図形の重なり順を変更すること

完成イメージ

ヒント

Word では図形描画機能を利用して、いろいろな図形を描き、変形、修正ができます。
図形は［挿入］タブの［図形］ボタンから図形の種類を選択して描画します。

図形の描画（挿入）

1. ［挿入］タブの［図］グループにある［図形］ボタンから任意の図形をクリックする

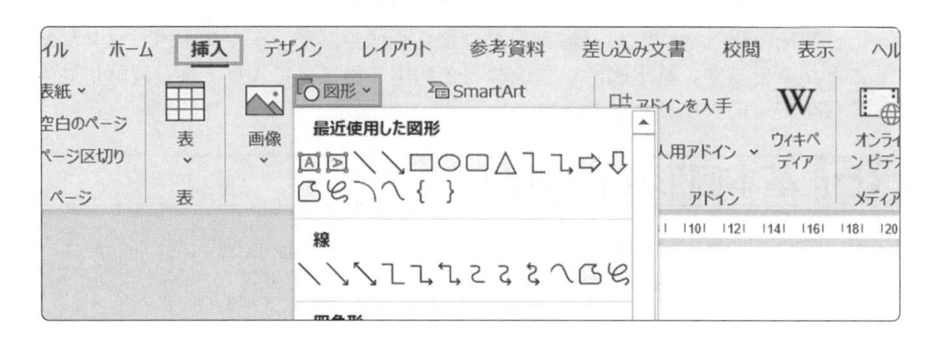

2. 左上から右下に向けてドラッグして図形を描画する
サイズ変更：描画した図形の周囲のハンドルマークをドラッグする
コピー：Ctrl キーを押しながらドラッグする
移動：図形上にマウスを合わせドラッグする
回転：描画した図形の上にあるハンドルマークをドラッグする

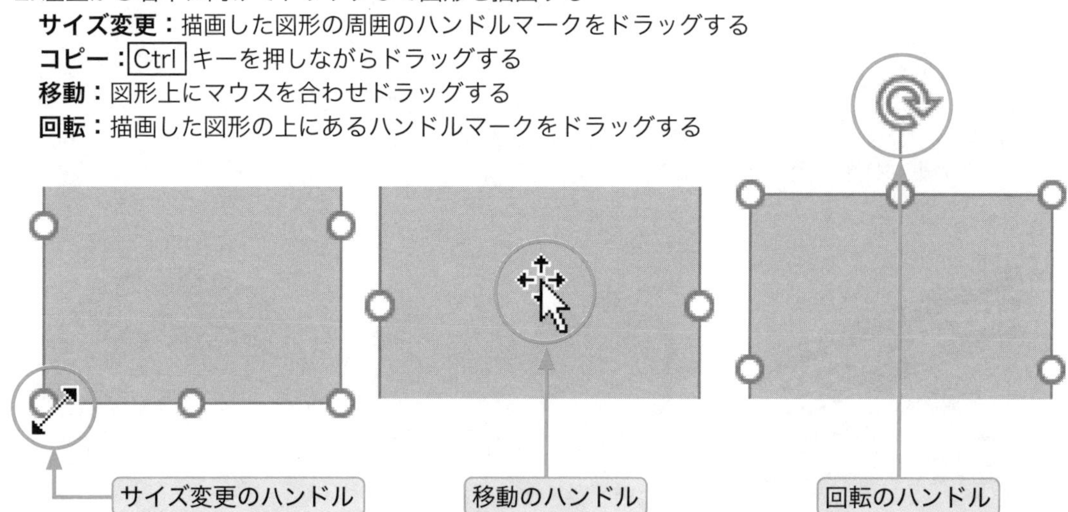

画像・オンライン画像・ワードアートを挿入する

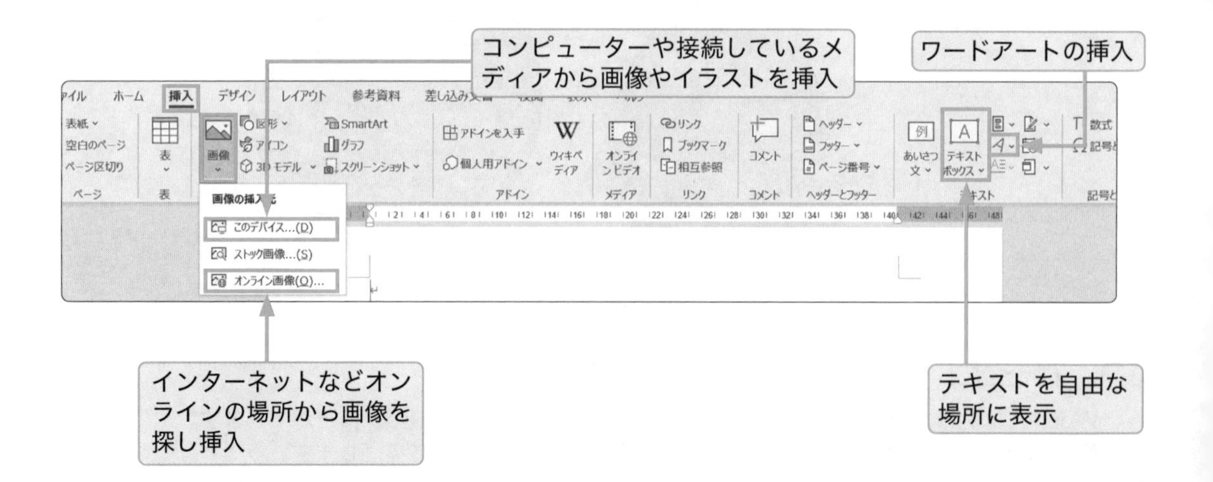

図形をアレンジする

図形を選択して、［描画ツール］の［図形の書式］タブを表示させます。あらかじめ、アレンジ対象の図形をクリックしておきましょう。

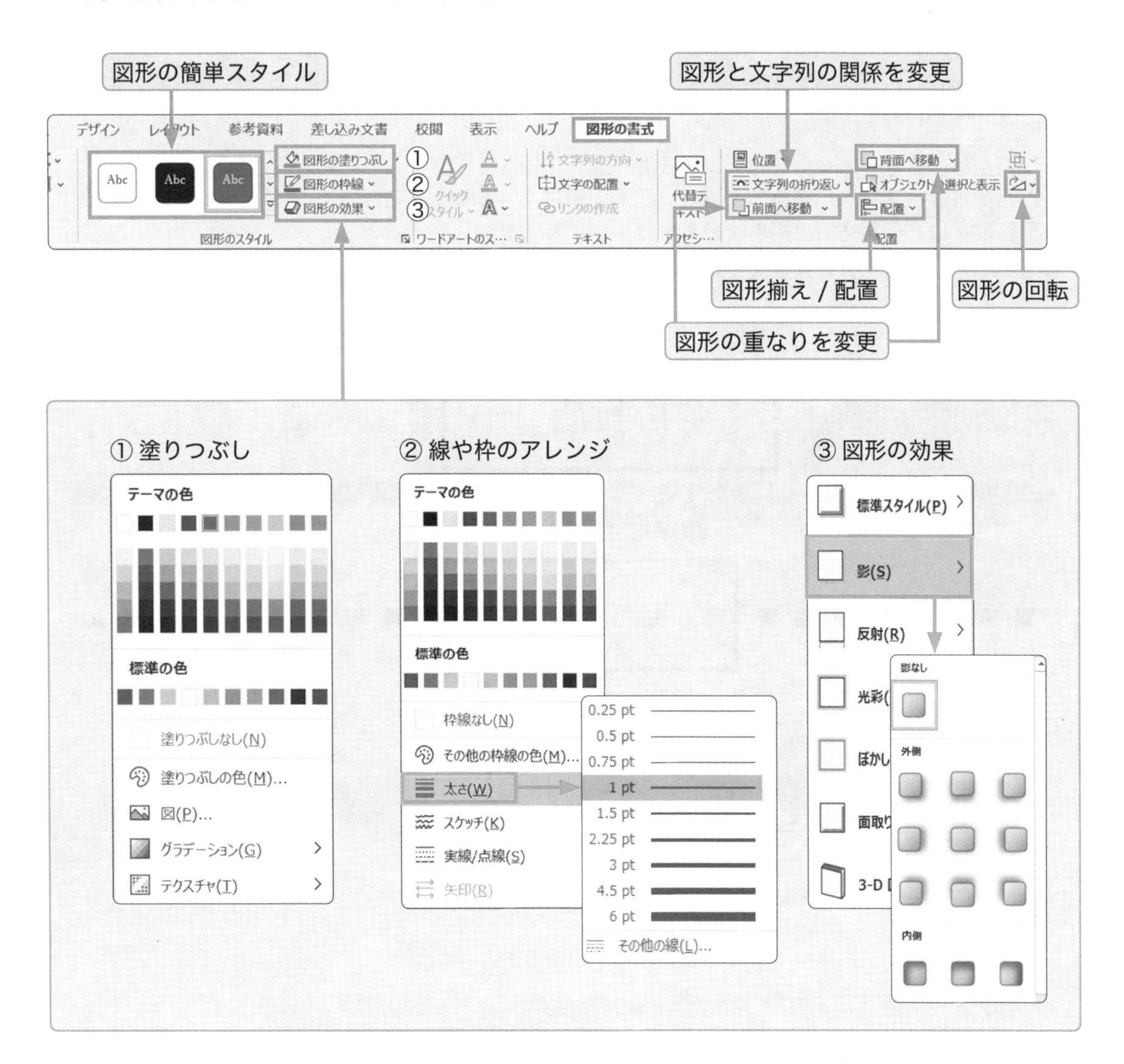

応用演習

図形に文字を挿入して、フォントや文字サイズを調整してみること

演習 2-3-2 図形で地図を作成しよう

インターネットなどで公開されている地図は、詳細な場所を確認することはできますが、目標地点を簡潔に説明するようにはできないこともあります。

基本図形を使用して、道順と目標を簡潔に記した地図を作成しましょう。

演習内容

1. 道路は、直線を太く、灰色にすること
2. 目印になる建物は、四角形を描き、図形の中に文字を挿入すること
3. 目的地は、円か楕円で描き、色を付けて中に文字を挿入すること
4. 案内文や道順などを図形やテキストボックスで適宜配置すること

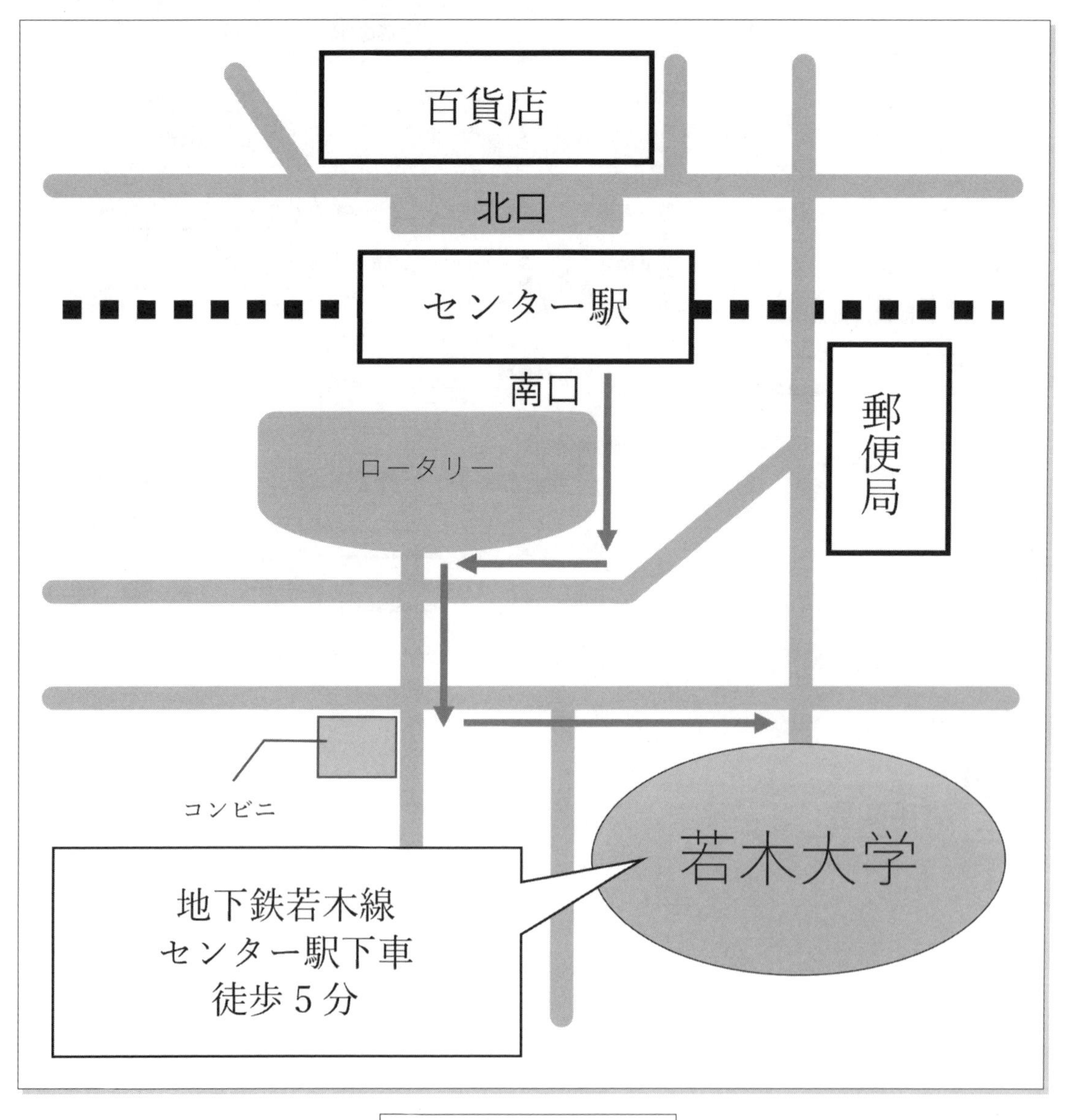

完成イメージ

Word で続けて他の図形を描くときは、［図形の書式］タブの［図形の挿入］グループから他の図形を選択することができます。都度［挿入］タブから操作しなくてもよいので、効率よく作成していきましょう。

図形に文字を入力するときは、図形を選択した状態でそのまま文字入力をします。初期設定のフォントは白色なので、背景色を変更する際は、文字色と同じにならないように注意します。

テキストボックスは、描くとすぐに文字入力ができるようになっていて、文字列を自由な位置に配置したい場合に使用します。図形と同様に背景色を透明にしたり、枠線を消したり自由に設定ができるので、背景なしの文字列だけを配置したい場合に便利です。文字が見切れてしまう場合は、テキストボックスのサイズを拡大します。テキストボックスの選択や移動をするときは、枠線をクリックして選択をします。

図形の重なりの調整

図形を選択し、［図形の書式］タブの［配置］グループで［前面へ移動］ボタン、［背面へ移動］ボタンをクリックして、図形の重なり順を調整します。

［配置］ボタンや［回転］ボタンは、複数の図形をバランスよく配置したり、図形の回転をすることができます。

図形を操作するときは、アレンジ対象の図形をクリックしておき、描画ツールを表示させます。

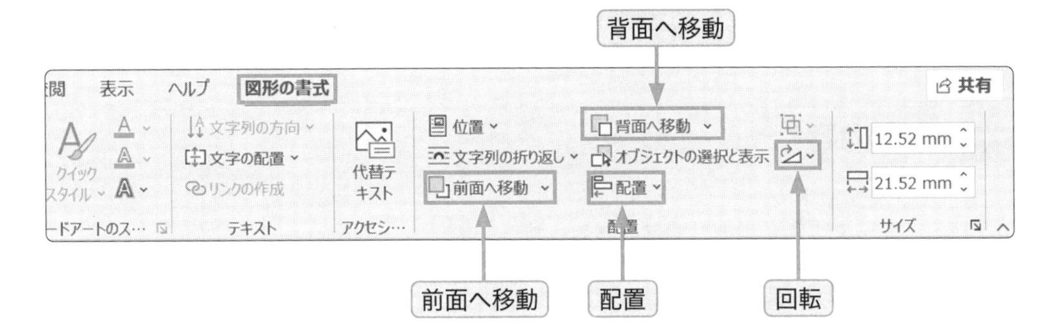

応用演習

1. 最寄駅から自宅まで、最寄駅から学校までなどの案内地図を作成してみること
2. 道路や鉄道、観光地などを含めた地図を作成してみること

演習 2-3-3 チラシを作成しよう

画像やイラストを利用すると、デザインを施したチラシやポスターを作成できます。ここでは、演習 2-1-6 通知文の原稿をもとに講習会の案内チラシを作成します。

次の完成イメージのような、チラシを作成してみましょう。

演習内容

1. 以下のページ設定をすること
 用紙サイズ………A4 判縦
 上下余白…………25mm
 左右余白…………20mm
 1 行文字数………45 文字
 1 ページ行数……38 行

2. 以下の書式設定をすること
① 講習会名………ワードアートに変換、横書きと縦書きを組み合わせる。文字の色と背景色を変更する
② 先頭文字………段落の先頭文字は、大きく 2 行にまたがるように配置する
③ 画像……………画像の枠など、デザインスタイルを加工してみる
④ イラスト………バランスよく配置する

入力内容

① コンピューター文章学
 「コンピューター文章学」講習会開催のお知らせ
② Word で作成する文章には、ビジネス文書、レポート、論文などがあります。ちょっとしたコツを学んで「わかりやすい」「伝わってくる」そして人の心を動かすような文章を書いてみませんか？
 本講座では、ベストセラー作家でもある担当教授による講演もあります。わかりやすい文章を Word で素早く作成するテクニック、プロのライターの文章作成術も紹介します。

 日時：第 1 回　10 月 10 日（木）午後 3 時～ 5 時
 　　　第 2 回　10 月 12 日（土）午前 10 時～ 12 時
 　　　第 3 回　10 月 16 日（木）午後 1 時～ 3 時
 場所：本館　301 教室
 問合せ：本館 3F　学習支援課

コンピューター文章学

コンピューター文章学

講習会開催のお知らせ

Word で作成する文章には、ビジネス文書、レポート、論文などがあります。ちょっとしたコツを学んで「わかりやすい」「伝わってくる」そして人の心を動かすような文章を書いてみませんか？

本講座では、ベストセラー作家でもある担当教授による講演もあります。わかりやすい文章を Word で素早く作成するテクニック、プロのライターの文章作成術も紹介します。

日時：

第１回　10 月 10 日（木）午後３時～５時
第２回　10 月 12 日（土）午前 10 時～12 時
第３回　10 月 16 日（木）午後１時～３時

場所：

本館　301 教室

問合せ：

本館 3F　学習支援課

完成イメージ

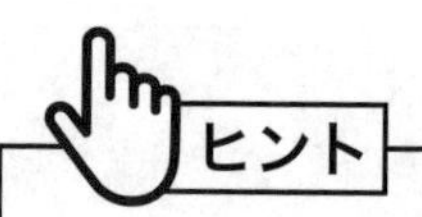

Microsoft Office では、文字を図形のようにデザインできるワードアートの機能が利用できます。また画像やイラストを挿入する際は、本文の文字列と重なりの順番を調整することができます。

ワードアートの挿入

ワードアートとは、特殊効果のついた文字のことで、図形のように操作・配置ができます。文書のタイトルなど、文字列を強調し見栄えよく加工して配置ができます。

1.［挿入］タブの［テキスト］グループにある［ワードアートの挿入］ボタンをクリックする
2. 任意の形式を選択する
3. 文字を入力する

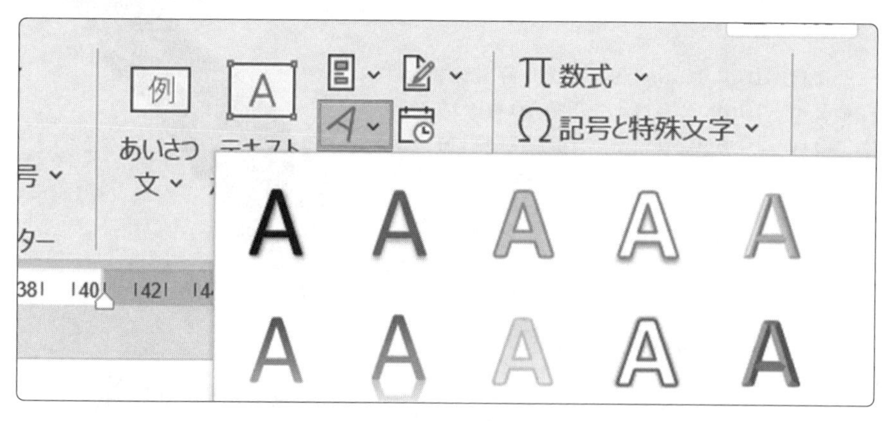

文字の大きさやフォントを変更：［ホーム］タブ
スタイルなどの変更：［図形の書式］タブ

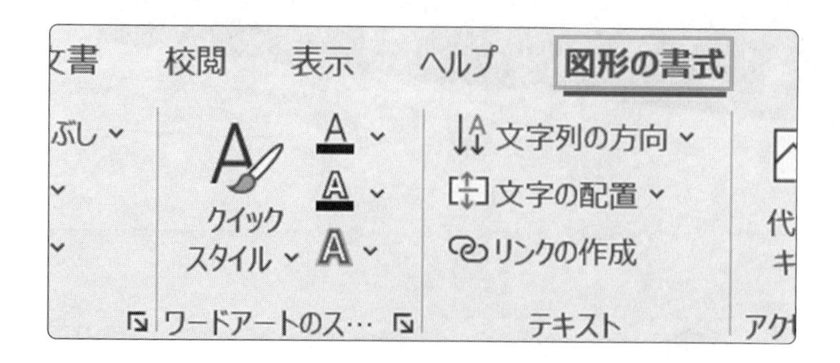

配置ガイド

画像を余白や用紙の端などにドラッグしたときに緑色の線が表示されます。配置を揃えたりサイズを調整したりするときに、配置ガイドを目安にするとバランスよく配置することができます。

文字列の折り返し（レイアウトオプション）

入力した文字と挿入した画像のレイアウトを調整する場合に利用します。[行内]、[四角形]、[上下]、[前面]、[背面] などの種類があります。

- **直線や四角などの図形を挿入した場合**
  初期設定は [前面]
- **画像を挿入した場合**
  初期設定は [行内]（画像が文字と同じ扱いになる）

画像を挿入した直後は、画像は文字と同じ扱いとなり行内に配置されます。文書内の自由な場所に配置するには [文字列の折り返し] を設定します。

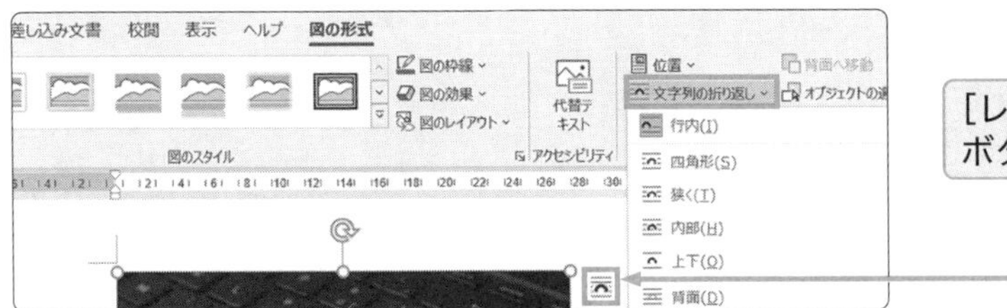

[レイアウトオプション]
ボタンからも設定可能

【行内】文字と同じ扱いで画像を配置

【四角形】文字を四角いエリアに沿って配置

【狭く】文字を画像の形状に沿って配置

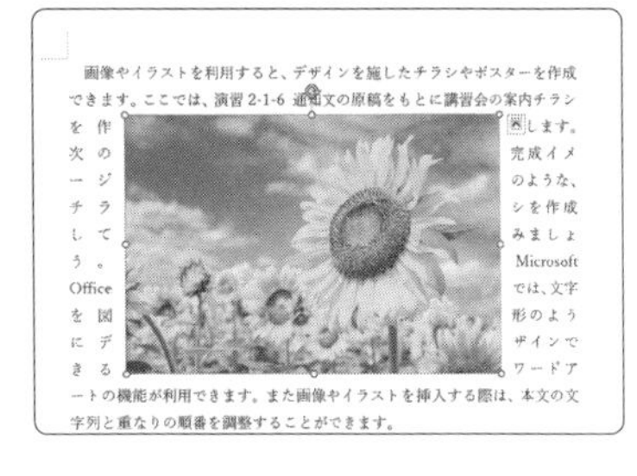

【上下】文字が行単位で画像を避けて配置

【前面】画像が文字の上に重なって表示される

【後面】文字が画像の上に重なって表示される

応用演習

1. 身近なテーマでチラシを作成してみること
2. フォントや文字サイズを変更する、空行を挿入する、画像のスタイルを変更するなど、印象的なデザインとすること

2-4 複数ページの文書作成と印刷

文書が1枚の用紙に収まらない場合は、各ページに資料名やページ番号を表示します。用紙の上部には、資料名や団体のロゴマークなどを配置し、用紙の下部にはページ番号が振られていれば、資料がばらばらになってしまった場合でも、順序を整理しなおすことができます。

演習 2-4-1 ヘッダー・フッターの設定をしよう

文書に新しいページを追加します。そのとき、用紙の上下の余白に組織名やページ番号を表示するように設定を追加します。

演習 2-2-5 で作成した同窓会案内に、次の完成イメージのような文章を追加して、ヘッダーとフッターの設定をしてみましょう。

演習内容

1. 以下のページ設定をすること
   用紙サイズ………A4 判縦
   上下左右余白……30mm
   1 行文字数………40 文字
   1 ページ行数……40 行

2. 以下の書式設定をすること
   改ページ………1 ページ目の末尾に設定
   ① プログラム名…図形に文字を挿入、またはワードアートを使用する
   ② 日時と場所……字下げ：8 字
   ③ 式次第…………段落番号を設定する
   　来賓紹介………2 行に改行し、来賓名の文字開始位置を揃える
   ④ 会場見取り図…フォント：ゴシック、文字サイズ：14 ポイント、中央に配置
   　見取り図………完成例を参考に会場見取り図を作成（挿入）
   　ヘッダー設定…若木大学 100 期会と入力して、右に配置する
   　フッター設定…ページ番号を挿入して、中央に配置する

3. 作成後は、印刷イメージで表示や配置を確認すること

入力内容

① 100 期会総会プログラム
② 日時　2019 年 12 月 20 日（金曜日）19 時から 21 時
　場所　ホテル・ニッポン　菊の間
③ 1. 開会の辞　100 期会　会長　山本 誠
　2. 来賓紹介　元経済学部教授　飯田 俊彦氏　　元文学部教授　園田 頼子氏
　3. 挨拶・乾杯　100 期会　人間科学部幹事　山田 俊樹
　4. 懇談
　5. 学部別写真撮影　経済学部、法学部、文学部、人間科学部、情報科学部
　6. 謝辞・閉会の辞　100 期会　副会長　伊藤 太郎
④ 会場見取り図

若木大学 100 期会

100 期会総会プログラム

日時　2019 年 12 月 20 日（金曜日）19 時から 21 時
場所　ホテル・ニッポン　菊の間

1. 開会の辞　100 期会　会長　山本 誠
2. 来賓紹介　元経済学部教授　飯田 俊彦氏
　　元文学部教授　園田 頼子氏
3. 挨拶・乾杯　100 期会　人間科学部幹事　山田 俊樹
4. 懇談
5. 学部別写真撮影　経済学部、法学部、文学部、人間科学部、情報科学部
6. 謝辞・閉会の辞　100 期会　副会長　伊藤 太郎

会場見取り図

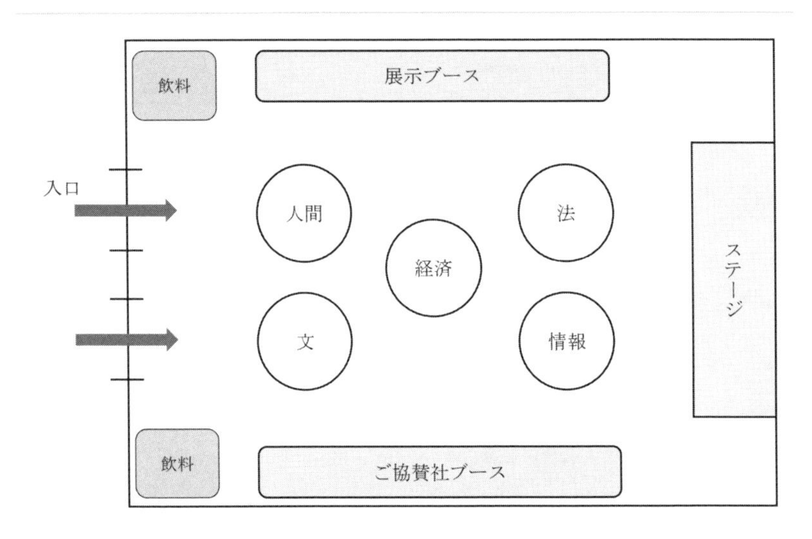

2

完成イメージ

Word では、[挿入] タブの [ヘッダーとフッター] グループから設定が可能です。上下余白のヘッダー位置やフッター位置をダブルクリックしても [ヘッダーとフッター] タブを表示できます。

改ページをするには

1. 改ページする位置にカーソルを置く
2. [挿入] タブの [ページ] グループの [ページ区切り] ボタンをクリックする。または、ショートカットキー Ctrl + Enter キーで改頁を挿入する

ヘッダー・フッター

ヘッダー・フッターとは、文書の上余白・下余白にある文字や図を挿入できる領域です。ヘッダー・フッターの文字や図は全ページに表示されます。

ヘッダー：大学名や文書のタイトル、日付など
フッター：ページ番号など

ヘッダー領域

ヘッダー：大学名や文書のタイトル、日付など

WORD 活用　講座

Word はタブを切り替えることで、操作ボタンの表示を切り替えることができます。このボタンの表示エリアをリボンと呼びます。リボンのボタンは目的別にグループ分けされていて、通常は 9 つのタブがあります。たとえば [ホーム] タブでは左から [クリップボード] グループ、[フォント] グループ、[段落] グループ、[スタイル] グループ、[編集] グループのようによく使う操作ボタンが配置されています。それぞれマウスポインタを合わせると、場所によってマウスポインタの形状が変わることも確認しましょう。

POWERPOINT 活用　講座

スライドの作成にはプレゼンテーションソフトを利用します。スライドショーを実行して情報を表示したり、配布用の資料を出力したりする機能があります。
また、スライドのデザインを工夫して、チラシやポスターとして印刷することも可能です。Microsoft PowerPoint はテキスト情報だけではなく、図形、グラフ、写真やイラストのほか、音声や音楽も挿入することが可能です。画面の切り替え効果やアニメーション効果を使えば、より印象に残るプレゼンテーションを行うことができます。

読みやすいレポートを作成する

大学でのレポートとは「根拠に基づいて主張を述べた文章」のことです。決まった形式に沿って、客観的に「主張」とそれを支える「根拠」を述べます。
レポートには用紙サイズやフォントの種類、文字サイズなどレイアウトが決められている場合があります。課題レポートの場合は教員の指示に従い [ページ設定] をしてから作成します。
[レイアウト] タブの [ページ設定] グループの右下にある [ページ設定] ボタンから、用紙サイズ、文字サイズ、1 行の文字数、1 ページの行数、日本語文字用・英数字用フォントなどを設定できます。

フッター：ページ番号など

フッター領域

ヘッダー・フッターを作成（挿入）する

ヘッダー部分（用紙の上部余白部分）をダブルクリックしてから、［ヘッダーとフッター］タブの［ページ番号］や［日付と時刻］から選択します。

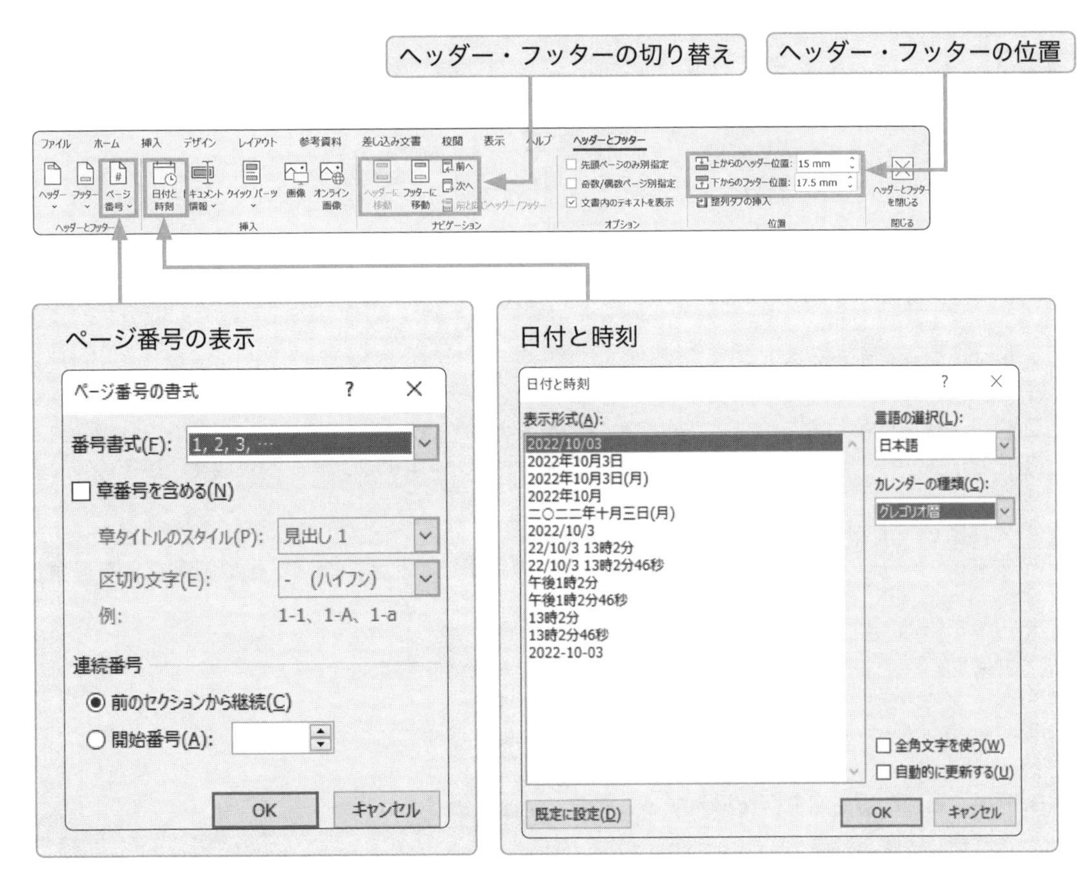

応用演習

1. ヘッダーに学校や団体のロゴマークなど、画像を挿入してみること
2. ページ番号の形式を変更してみること

演習 2-4-2 複数ページの文書を作成しよう (レポート作成)

大学で作成するレポートとは、根拠に基づき主張を述べるものです。要旨をまとめたレジュメと違い、多くの場合は複数ページになります。

ここでは、次の入力イメージに従い、レポートを作成してみましょう。

演習内容

1. 以下のページ設定をすること
   用紙サイズ………A4 判縦
   上下左右余白……30mm
   1 行文字数………40 文字
   1 ページ行数……40 行

2. 以下の書式設定をすること
① 課題名……………文字サイズ：12 ポイント
② 日付・作成者……本日の日付、自分の氏名を入力して、右に配置する
③ 標題………………フォント：ゴシック、文字サイズ：14 ポイント、中央揃え、段落の下に罫線を引く
④ 大見出し…………段落番号を設定する
⑤ 本文………………段落字下げ：1 字、1 行目の字下げ：1 字、段落番号や箇条書きを適宜使用する
⑥ 以上………………右に配置
⑦ 参考文献…………参考にした文献、資料などを末部に記載する
⑧ ヘッダー設定……演習名を入力して、左に配置する
⑨ フッター設定……ページ番号を挿入して、中央に配置する

3. 要点ごとに改行や空白行を挿入すること

4. 作成後は、印刷イメージを確認して、表示や配置を確認すること

入力内容

① 学生生活レポート
② 20XX 年 10 月 18 日
　〇〇学部〇〇学科〇年
　自分の名前
③「社会人になる上で必要なスキルを身に着けるために」
④・⑤ 1. はじめに（レポートを作成する趣旨や考察方法を述べる）
　　2. 社会で必要とされるスキルとは（ひとつ目の要素について述べる。箇条書きや番号などを使用し、説明が分かりやすくなる工夫をする）
　　3. 社会人基礎力を身に着けるには（ふたつ目の要素について述べる。箇条書きや番号などを使用し、説明が分かりやすくなる工夫をする）
　　4. 実践すること（前述の要素から、どのような実行、思考をしたかを述べる。箇条書きや番号などを使用し、説明が分かりやすくなる工夫をする）
　　5. 結論（前述までの論述から、自身の考察・結果を述べる）
⑥ 以上
⑦ (参考文献)

社会学演習

学生生活レポート

20XX 年 10 月 18 日
○○学部○○学科○年
自分の氏名

「社会人になる上で必要なスキルを身に着けるために」

1. はじめに
私は、大学での 4 年間は社会に出た後、即戦力で働くことができるスキルを身に着ける期間と考えている。この 4 年間、どのようなスキルを身に着けていくべきかこのレポートで考察してみることとした。

2. 社会で必要とされるスキルとは
社会で必要とされるスキルについては、経済産業省が「社会人基礎力」を定義している。社会人基礎力とは、次の 3 つの能力と 12 の能力要素から構成されており、「職場や地域社会で多様な人々と仕事をしていくために必要な基礎的な力」と定義されている。

(1) 前に踏み出す力　　主体性、働きかけ力、実行力
(2) 考え抜く力　　課題発見力、計画力、想像力
(3) チームで働く力　　発信力、傾聴力、柔軟性、情況把握力、規律性、ストレスコントロール力

3. 社会人基礎力を身に着けるには
この社会人基礎力を身に着けるには、次の 3 つの視点が必要であると説明されている。
- 目的：どう活躍するか。自己実現や社会貢献に向けて行動する。
- 学び：何を学ぶか。学び続けることを学ぶ。
- 統合：どのように学ぶか。多様な体験・経験、能力、キャリアを組み合わせ、統合する。

これらの 3 つの視点は、社会人基礎力を身に着けるために必要であるばかりか、能力を発揮するにあたっても大切なものといえる。自己を認識してリフレクション（振り返り）しながら、目的、学び、統合のバランスを図ることが、自らキャリアを切り開いていく上で必要であり、人生 100 年時代を生きていく私たちに期待されている能力であると言える。

4. 実践すること
では、私がこの社会人基礎力を身に着けるために具体的に実践していくことについて、

- 1 -

完成イメージ 1

社会学演習

前述の3つの視点に当てはめて考えてみる。

(1) 目的をもって行動する
大学4年間は、目的を意識しなければあっという間に過ぎてしまう。私の大切にすることや価値観をみつめ、それらを実現できる行動をしていきたいと思う。

(2) 学ぶものではなく、学び続けることを学ぶ
大切なことは、英語や数学、アルバイトの仕事などの「項目」ではなく、学び続ける意義、自ら学び続ける興味や関心を維持していくことを身に着けていく。

(3) どのように学ぶかを考えて行動する
このようにして行動した結果、どのような気持ちになれるのかを味わい、経験していくことで、自分のキャリアを積み重ねていくことができると考える。一度決めたことは、時折、見直し、その時点での自分の立ち位置、目指す場所を常に振り返り、周囲の助言を得ながら自分が納得する方法で学び続けていくことが自分自身の成長につながると考える。

5. 結論

社会人基礎力は、何をどう勉強したらよいか、それは一人ひとり異なる。なぜならば一人ひとり個性があり、価値観も能力も異なるからである。したがって、私は前述のように、時折自身を振り返りながら、人生100年時代、学び続けることを大切にし、この4年間身に着けていきたいと思う。

以上

（参考文献）経済産業省　経済産業政策・産業人材「社会人基礎力」

- 2 -

完成イメージ2

レポートの形式に指定がある場合は、その指示に従い、あらかじめ文字数や行数など書式の設定をしてから文書を作成します。A4 サイズのレポートでは 800 字～ 1,000 字を 1 枚の目安とし、仮に 1,600 字の場合は 2 枚にバランスよく配分します。

レポートの形式

大学でのレポートとは「根拠に基づいて主張を述べた文章」のことです。決まった形式に沿って、客観的に「主張」とそれを支える「根拠」を述べます。

レポートには用紙サイズやフォントの種類、文字サイズなどレイアウトが決められている場合があります。課題レポートの場合は教員の指示に従い［ページ設定］をしてから作成します。［レイアウト］タブの［ページ設定］グループの右下にある［ページ設定］ボタンから、用紙サイズ、文字サイズ、1 行の文字数、1 ページの行数、日本語文字用・英数字用フォントなどを設定できます。

●指定がない場合の設定目安

	例 1	例 2
用紙サイズ	A4	
文字サイズ	10.5 ポイント	12 ポイント
1 行の文字数	40 字	32 字
1 ページの行数	40 行	25 行
日本語文字用フォント	MS 明朝または游明朝	
英数字用フォント	Times New Roman	

※レポート課題では、文字の大きさや 1 ページの字詰めは指定されている場合があります。

レポートの体裁の例

一般的なレポートに必要な形式を確認しましょう。どのような資料でも日付は年月日を正しく記入します。また日付と合わせ、作成者が誰であるのか、忘れずに記入します。

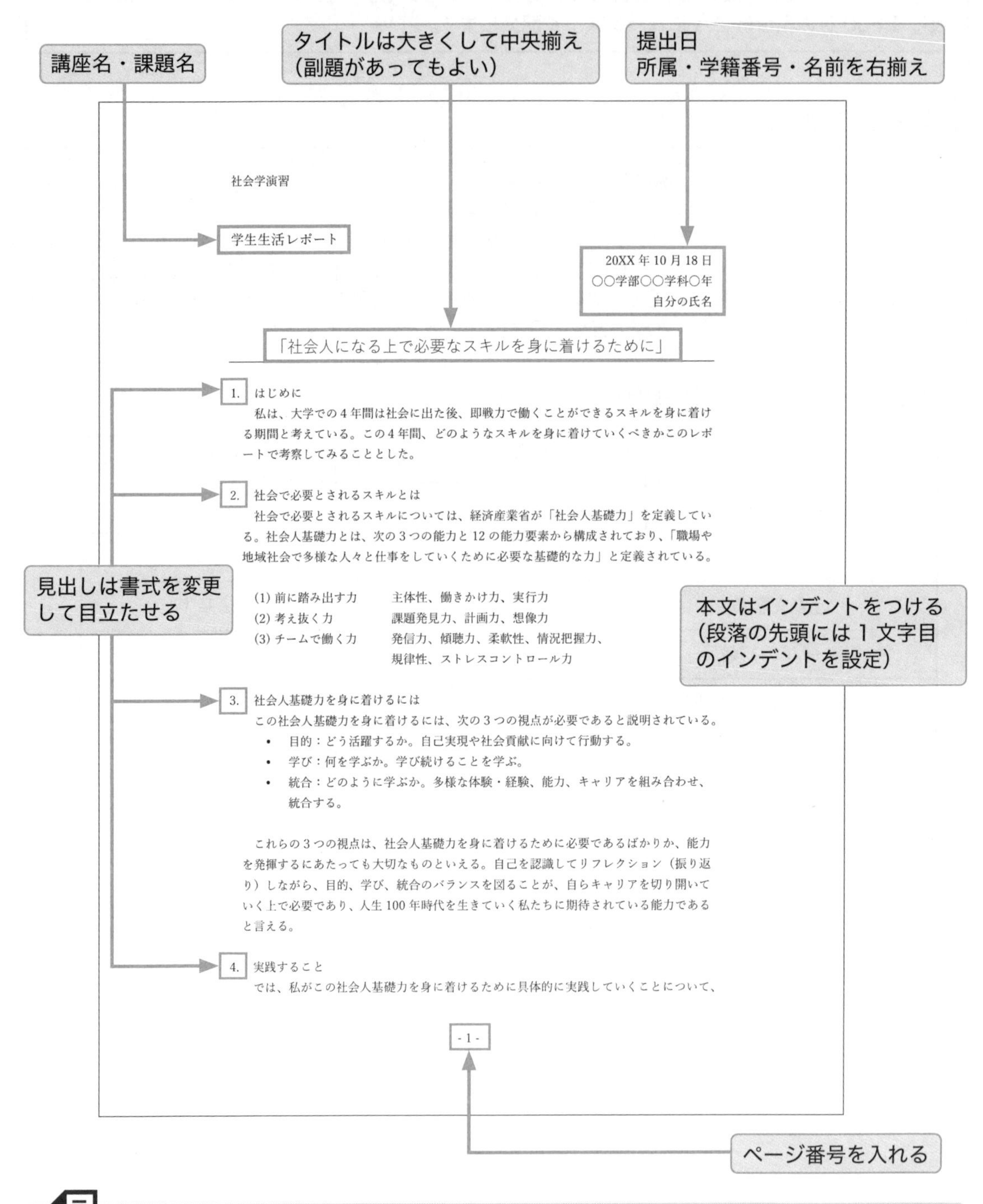

応用演習

1. 自分の取り組みやすいテーマで、レポートを作成してみること
2. 自分が受けている講義のレポート課題に書式を当てはめて作成してみること

3章 表計算

大学生活では、調査の結果をレポートなどにまとめるために、自力ではとても計算できないような量の数値データを加工する必要が出てくることがあります。

このようなときに、表計算ソフトは力を発揮します。関数の機能を上手く使えば、複雑な計算の結果も、迅速に表示することができます。また表をもとにグラフを作成する機能も備わっており、調査結果を視覚的に表現することもできます。表計算ソフトを使いこなすことができるようになれば膨大な数値データも怖くなくなり、今までできなかった新たな研究に挑戦できるようにもなるでしょう。

本章では、代表的な表計算ソフトの１つであるMicrosoft Excelによる演習を通じて、表計算の基本を確認します。具体的な操作の説明はMicrosoft Excelを基準としていますが、根底の考え方は他の表計算ソフトにも共通する部分があるでしょう。

3-1 基本の操作と計算式

表計算ソフトはスプレッドシート（Spreadsheet）と呼ばれ、行と列からなる表の形式で、数値の集計や分析を目的として作られたアプリケーションです。表計算ソフトはセルに入力したデータによって、文字、数値、日付、通貨などを自動的に判別して表示したり、計算式や関数を利用して計算結果を表示したりするだけではなく、文字列やグラフ、画像などを挿入して多くの機能を利用できます。ここでは代表的な表計算ソフトであるMicrosoft Excelの基本機能を演習します。

演習3-1-1　基本の操作を確認しよう

Microsoft Excelの基本操作を確認します。
Excelを起動して、空白のブックを開きましょう。

演習内容

1. Excelの画面の種類と構成を確認して、起動方法を覚えること
2. タブ、リボンの切り替え、ズーム、スクロールの操作などを確認すること
3. 表示モードを切り替えて表示の違いを確認すること
4. マウスポインタの形状が、場所によって変化することを確認すること

ヒント

Windowsではスタートメニューから Excelを起動します。他にWindowsのタスクバーやデスクトップにショートカットがあれば、そこからも起動できます。

ブラウザから起動するMicrosoft 365のExcel Onlineや他の表計算ソフトとは操作や機能が異なりますので注意しましょう。

Excelの起動

●スタート画面

Excelを起動するとスタート画面が表示され、これから行う作業を選択できます。左のメニューから［新規］をクリックすると、新規ファイルの作成や、テンプレートの利用ができます。［開く］を利用すると、すでに保存してあるファイルを開くことができます。右の一覧からは、［空白のブック］をクリックして新規ファイルの作成や最近開いたファイルを一覧から選択し利用することができます。

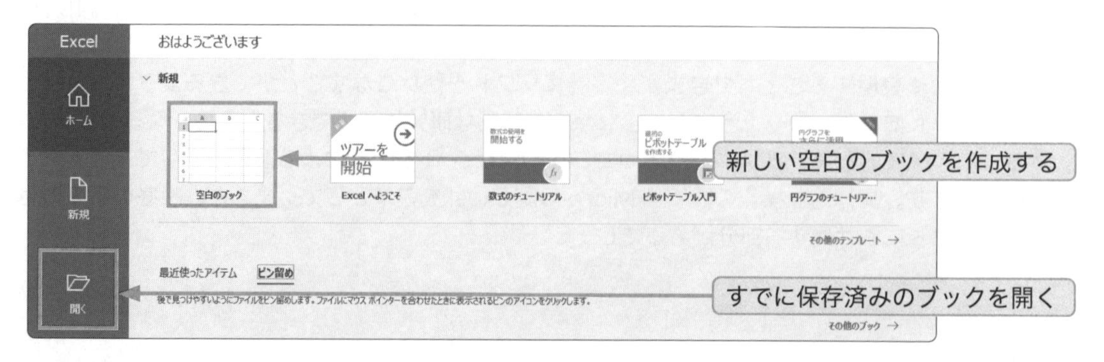

Excel の基本操作「新規作成」「開く」

●バックステージビュー

バックステージビューは Word によく似ています（→ p.32 参照）。[ファイル] タブをクリックして、ファイルの新規作成・開く・保存・印刷などの操作を行います。

左のメニューの [新規] では、新たに白紙の文書を開くことや、テンプレートを利用することができます。[開く] は、すでに保存されているファイルを指定して開くことができます。

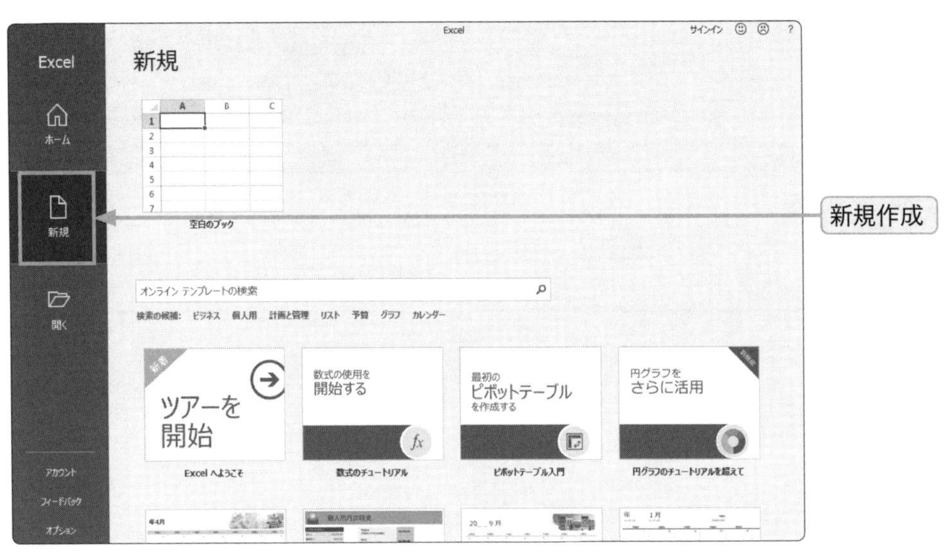

Excelの画面構成・表示モードの切り替え

● Excelの画面構成

Excelは、[標準]の表示モードで普段の作業を行います。印刷の設定は、イメージを確認する[ページレイアウト］や印刷範囲や、改ページ位置を確認する［改ページプレビュー］に切り替えて設定します。

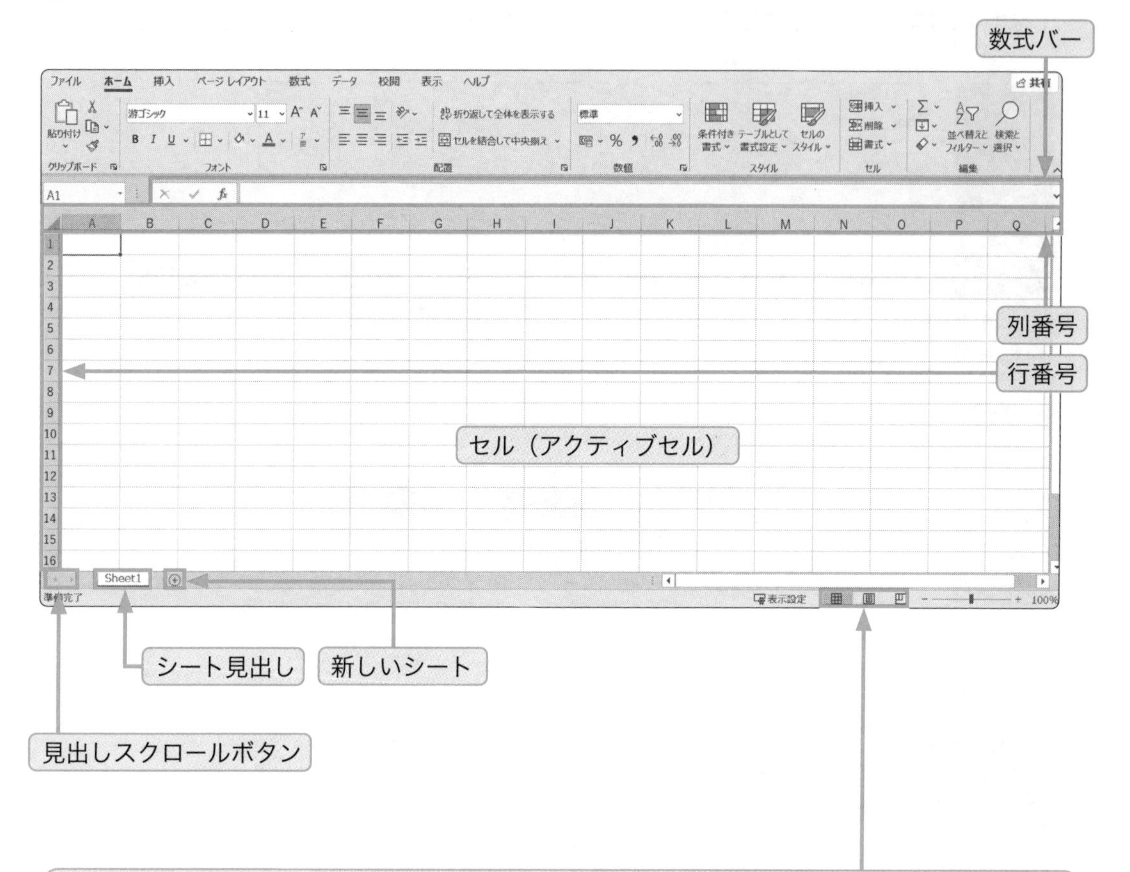

表示ショートカット

主な表示モード	概要
標準	標準の表示モード 文字の入力や、表・グラフを作成するために使用
ページレイアウト	印刷結果に近いイメージで表示するモード 用紙にどのように印刷されるかの確認や、ページの上部・下部の余白に日付やページ番号を挿入するために使用
改ページプレビュー	印刷範囲や改ページを表示するモード

Excel の基本機能

● [ホーム] タブにあるコマンドボタン

[ホーム] タブには、グループ分けされたコマンドボタンに基本的な機能が備わっています。

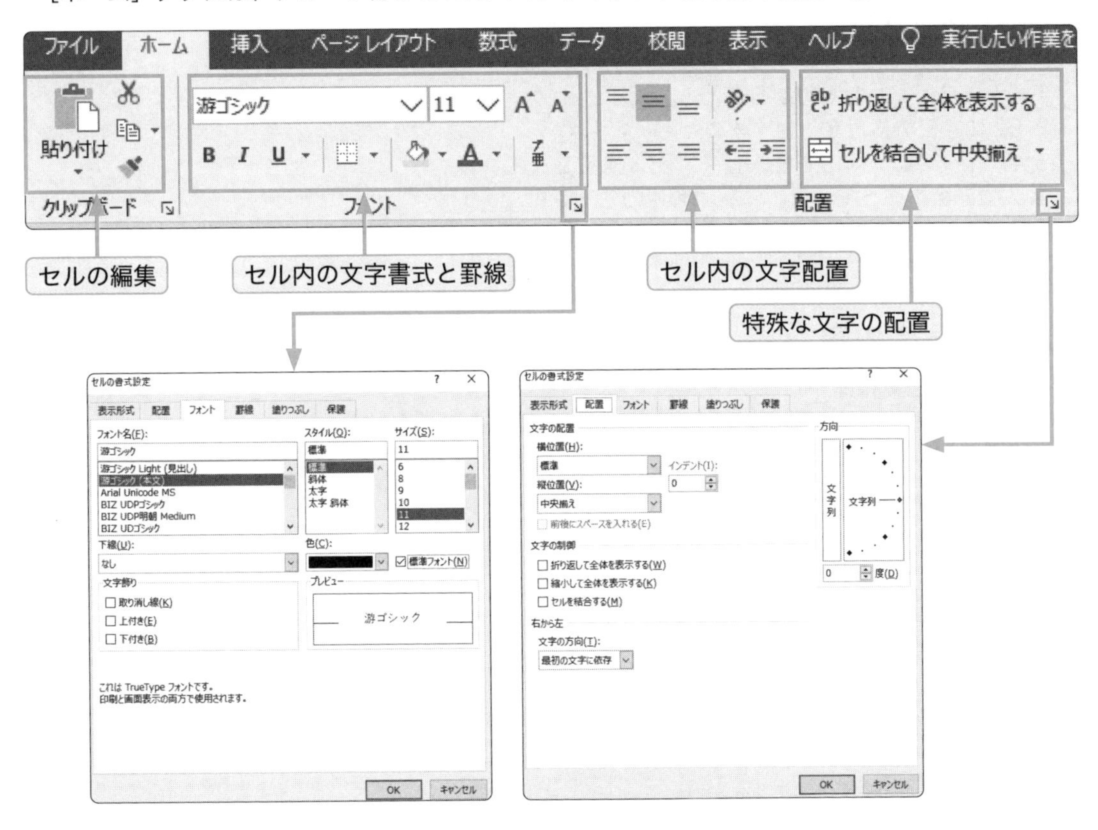

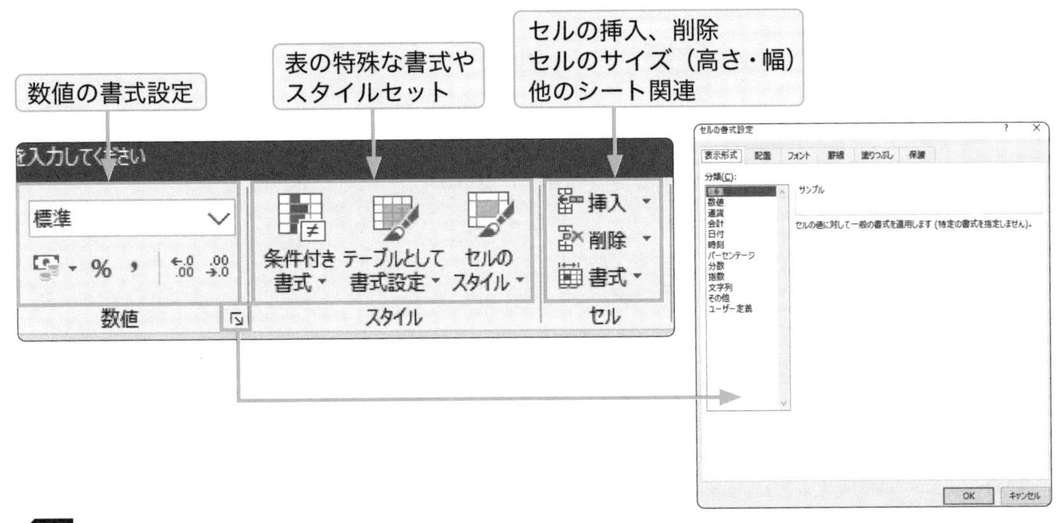

応用演習

1. [ファイル] タブの [開く] メニューを利用して、他の Excel ファイルを開いてみること
2. 開いたファイルを [閉じる] メニューから閉じてみること

演習 3-1-2 表にデータを入力しよう

次のデータを入力して、売上集計表を作成しましょう。

演習内容

1. A1 にタイトルを入力すること
2. E2 に本日の日付を入力すること
3. 各項目を A3 ～ D3 に中央揃えで記入すること
4. 入力内容に従って、セルに数値を入力すること
5. A4 に「B0001」と入力してから、セルの右下をドラッグして「B0005」まで自動的に入力すること

入力内容

① 洋菓子売上集計表
② 6 月 14 日
③ 商品番号　種類　価格　数量
④ B0001　ゼリー　250　56
⑤ B0002　焼き菓子　150　49
⑥ B0003　プリン　350　36
⑦ B0004　ケーキ（小）　410　41
⑧ B0005　ケーキ（大）　680　15

	A	B	C	D	E
1	洋菓子売上集計表				
2					6月14日
3	商品番号	種類	価格	数量	
4	B0001	ゼリー	250	56	
5	B0002	焼き菓子	150	49	
6	B0003	プリン	350	36	
7	B0004	ケーキ（小	410	41	
8	B0005	ケーキ（大	680	15	

完成イメージ

日付の入力は、セルに「6/14」と入力して Enter キーを押します。セルの書式設定は［ホーム］タブにあるボタンを使います。セルの右下にある■はフィルハンドルといい、ドラッグすることでセルの情報をコピーできます。行列を入れ替えるには、コピーをしてから[貼り付け]ボタンの[貼り付けのオプション］や［形式を選択して貼り付け］を使って貼り付けをします。

データの入力・修正セル範囲の選択

●データの入力

種類	セル内の配置	計算対象
文字列	左揃えで表示	計算対象とならない
数値	右揃えで表示	計算対象となる

※日付や数式は数値に含まれる

●データの修正・クリア

セルを選択してそのまま入力すれば、上書きして修正されます。部分的に修正する場合は、セルをダブルクリックして、セル内にカーソルを表示させて修正します。クリアする場合は範囲を選択し、Deleteキーを押します。

●日付の入力

セルに年月日を「/（スラッシュ）」または「-（ハイフン）」で区切って入力すると、日付形式の表示になります。

●セル範囲の選択

選択対象	操作方法
セル	セルをクリック
セル範囲	開始セルから終了セルまでドラッグ 開始セルをクリックし、Shiftキーを押しながら終了セルをクリック
複数のセル範囲	1つ目のセル範囲を選択し、Ctrlキーを押しながら2つ目以降のセル範囲を選択
行	行番号をクリック
列	列番号をクリック

●セル範囲の選択をする場合のマウスポインタの形

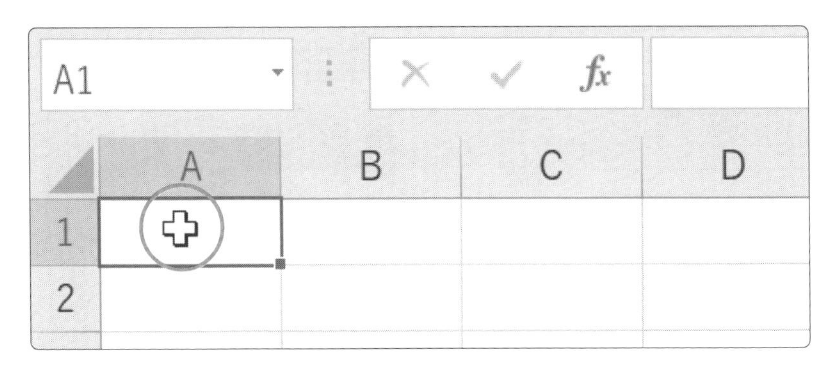

セルのコピー・移動と連続データの作成

セルやセル範囲を選択してコピーや移動ができます。

●コピー・移動

セルを選択してから［ホーム］タブの［クリップボード］グループにある［コピー］（移動は［切り取り］）ボタンをクリックします。コピー先（移動先）のセルを選択してから［クリップボード］グループの［貼り付け］ボタンで、コピーしたデータを貼り付けます。

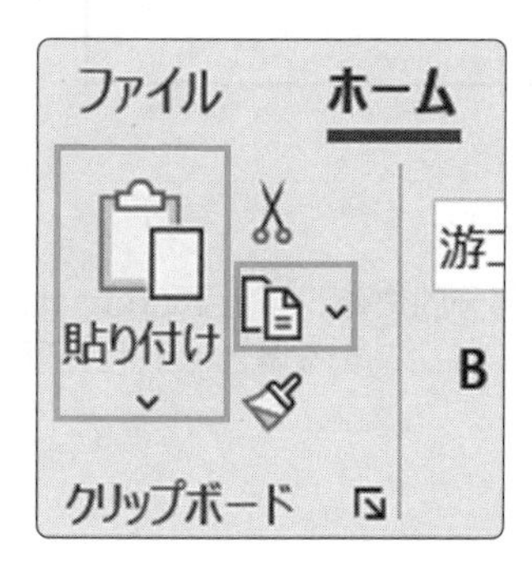

●オートフィルによる連続データの作成

セルの右下の■（フィルハンドル）を使って、連続性のあるデータを隣接するセルに入力する機能をオートフィルといいます。数値を含む文字列であれば、連続データとしてコピーされます。

A4 B001

	A	B	C	D
1	洋菓子売上集計表			
2				
3	商品番号	種類	価格	数量
4	B001	ゼリー	250	56
5	B002	焼き菓子	150	49
6	B003	プリン	350	36
7	B004	ケーキ（小	410	41
8	B005	ケーキ（大	680	15
9				

フィルハンドルをドラッグ

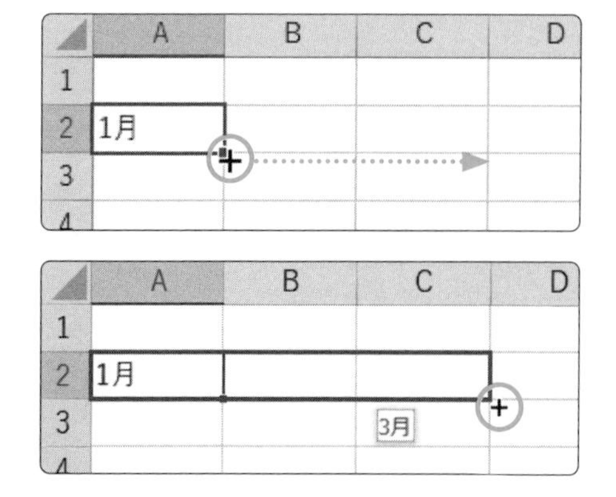

オートフィルオプションでコピー方法を指定できる

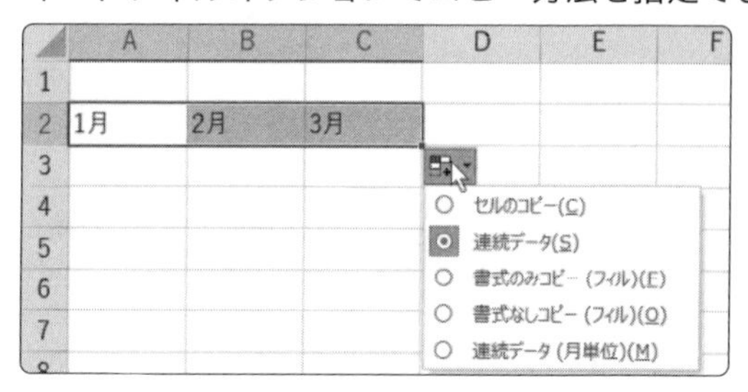

●貼り付けのオプション

貼り付けのオプションを利用すると、書式を選択して貼り付けることができ、後から書式を変更する手間を省くことができます。

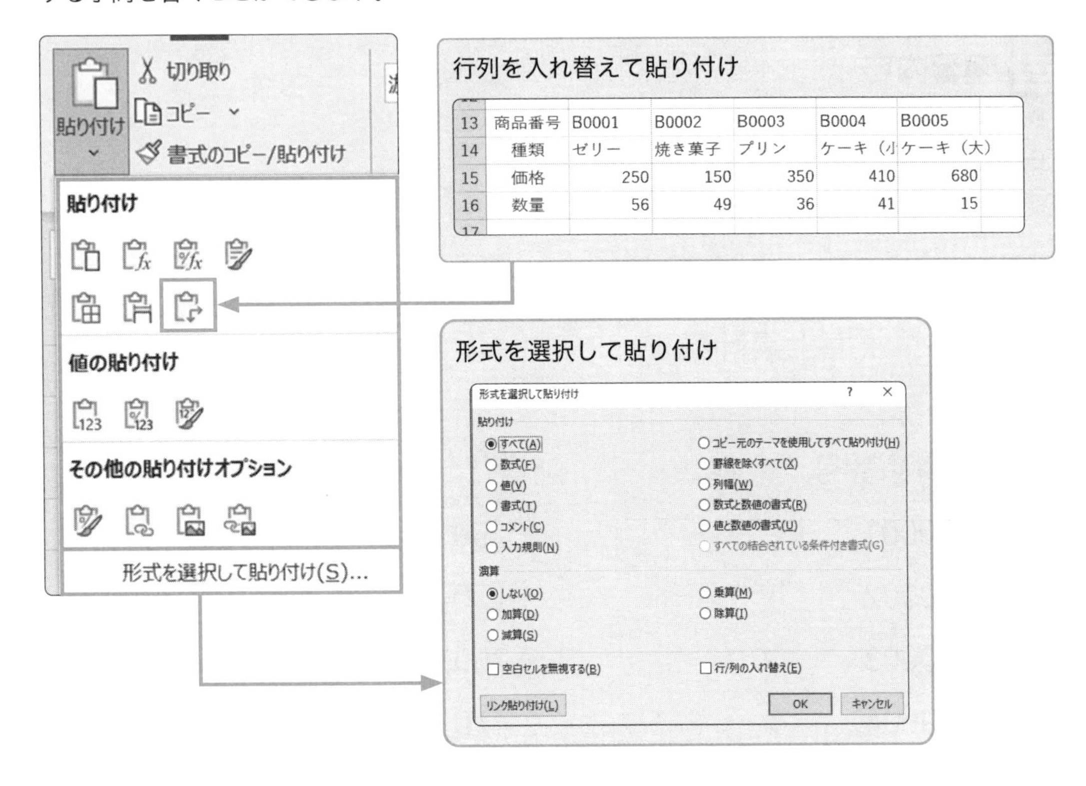

●コピー・移動のその他の方法

①コピー(移動)元のセルで右クリック[コピー](または[切り取り])を選択
　コピー(移動先)セルを右クリックして[貼り付け(元の書式を保持)]をクリック

②コピー(移動)元セルを選択して、Ctrlキーを押しながらCキー(移動はXキー)をクリック
　コピー(移動)先セルを選択して、Ctrlキーを押しながらVキーをクリック

応用演習

A3 ～ D8 をコピーし、A13 に行列を入れ替えて貼り付けること

コラム　列と行はいくつある？

Excel の列や行はどれくらいまで入力できるのでしょうか。Excel2007 以降は、列が A ～ XFD の 16,384 列、行は 1,048,576 行です。参考までに Excel2003 までは、列は A ～ IV の 256 列、行は 65,536 列でした。最後までスクロールしたり、カーソルキーを押しっぱなしにしていれば確認できますが、Windows では Ctrl ＋ → （↓） キーを使うと簡単に表示できます。

Excel ファイルを開くと、前回保存して閉じたときのセルを選択した状態になりますが、保存前に Ctrl ＋ Home キーを押して A1 をアクティブにしておくと、次にファイルを開いた時も先頭から確認できて便利です。

演習 3-1-3 表に計算式を入力しよう

計算式を使って、演習 3-1-2 で作成した売上集計表に「金額」の欄を追加しましょう。

演習内容

1. E3 に「金額」と記入すること
2. E4 に金額を求める数式（価格 × 数量）を入力すること
3. オートフィルを使用して E4 の数式を E8 までコピーすること

	A	B	C	D	E
1	洋菓子売上集計表				
2					6月14日
3	商品番号	種類	価格	数量	金額
4	B0001	ゼリー	250	56	14000
5	B0002	焼き菓子	150	49	7350
6	B0003	プリン	350	36	12600
7	B0004	ケーキ（小	410	41	16810
8	B0005	ケーキ（大	680	15	10200

完成イメージ

ヒント

数式は、まずセルに「=（イコール）」と入力します。算術演算子はキーボードから入力します。セルの指定は「C4」のようにセル名を入力する代わりに、セル C4 をクリックすると簡単です。

数式の入力方法

●数式の入力

数式は「=」からはじめて、続けてセル番地と算術演算子を使って作成します。セル番地を数式に指定することを、セル参照といいます。

算術演算子

※全て半角

加算	減算	乗算	除算
+（プラス）	−（マイナス）	*（アスタリスク）	/（スラッシュ）

例）=B3+C3

セル参照はマウスで参照先のセルを直接クリックして指定します。

●数式のコピー

数式はオートフィル機能を使うと簡単にコピーできます。数式が入力されているセルをコピーすると、コピー先に合わせてセル参照が自動的に調整されます。

	A	B	C	D	E	
1	洋菓子売上集計表					
2					6月14日	
3	商品番号	種類	価格	数量	金額	
4	B0001	ゼリー	250	56	14000	＝C4*D4
5	B0002	焼き菓子	150	49		
6	B0003	プリン	350	36		
7	B0004	ケーキ（小	410	41		
8	B0005	ケーキ（大	680	15		

↓

	A	B	C	D	E	
1	洋菓子売上集計表					
2					6月14日	
3	商品番号	種類	価格	数量	金額	
4	B0001	ゼリー	250	56	14000	
5	B0002	焼き菓子	150	49	7350	＝C5*D5
6	B0003	プリン	350	36	12600	＝C6*D6
7	B0004	ケーキ（小	410	41	16810	＝C7*D7
8	B0005	ケーキ（大	680	15	10200	＝C8*D8

数式をコピーすると、数式内にあるセル番地がコピー先に合わせて変化します。これを相対参照といいます。

「相対参照」と「絶対参照」

●相対参照

セルの位置を相対的に参照する形式です。数式をコピーすると、セルの参照先は自動的に調整されます。

例）「A1」、「B1」など列番号と行番号のみの参照方法
　　→コピーすると参照先が変化する

	A	B	C	D	E
1					
2	商品名	定価	掛け率	販売単価	
3	ノート（10冊）	1,200	80%	960	←=**B3*C3**
4	万年筆	5,000	60%	3,000	←=**B4*C4**
5	筆箱	3,000	70%	2,100	←=**B5*C5**

●絶対参照

特定の位置にあるセルを必ず参照する形式です。数式をコピーしても、セルの参照先は固定されたままで調整されません。セルを絶対参照にするには、F4キーを押して「$」をつけます。

例）「A1」、「B1」など「$」マークを列番号と行番号の頭につけた参照方法
→コピーしても参照先は変わらない

	A	B	C	D
1	掛け率	70%		
2				
3	商品名	定価	販売単価	
4	ノート（10冊）	1,200	840	←=**B4*B1**
5	万年筆	5,000	3,500	←=**B5*B1**
6	筆箱	3,000	2,100	←=**B6*B1**

●複合参照

相対参照と絶対参照を組み合わせて参照する形式です。「列は相対参照し、行は絶対参照する」または「列は絶対参照し、行は相対参照する」ように数式をコピーすると、絶対参照している列または行は固定されたままになります。F4 キーを複数回押すことで、「$」の表示位置が順に変化します。

例）「A$1」：相対参照列と絶対参照行
→コピーすると列番号は変化するが、行番号は固定されたままになる

例）「$A1」：絶対参照列と相対参照行
→コピーしても列番号は固定されたままだが、行番号は変化する

	A	B	C	D
1			割引額	
2	商品名	定価	10%	20%
3	ミックスサンド	390	39	78
4	カツサンド	450	45	90
5	ハムサンド	260	26	52

C3 に（定価 × 割引率）「=$B3*C$2」と複合参照を指定する
→コピーすると割引額 10% も 20%も一度に表示できる

応用演習

数式を入力したセルをコピーして、同じ位置に値のみを貼り付けること

演習 3-1-4 計算式の参照先を固定しよう

演習 3-1-3 の表に、本日の売上金額をもとに売上構成比を求める行と列を追加します。
計算式の参照先を絶対参照で固定して、構成比を求める計算式を追加しましょう。

演習内容

1. A9 に合計と入力して、A9 ～ C9 を結合すること
2. D9 に合計数量、E9 に合計金額をもとめる計算式を入力すること
3. 金額列の右に列を追加して、F3 に「構成比」と入力すること
4. 個々の商品の金額（E4）を合計金額（E9）で割った値を F4 に表示すること
   表示形式はパーセントにして、小数点第 1 位まで表示すること
5. 合計金額のセル番地である E9 を絶対参照にして、F4 の数式を F9 までコピーすること

	A	B	C	D	E	F
1	洋菓子売上集計表					
2					6月14日	
3	商品番号	種類	価格	数量	金額	構成比
4	B0001	ゼリー	250	56	14000	23.0%
5	B0002	焼き菓子	150	49	7350	12.1%
6	B0003	プリン	350	36	12600	20.7%
7	B0004	ケーキ（小	410	41	16810	27.6%
8	B0005	ケーキ（大	680	15	10200	16.7%
9	合計			197	60960	100.0%

完成イメージ

ヒント

セルの表示形式は、セル範囲を選択して［ホーム］タブの［数値］グループの各ボタンで設定します。設定した表示形式や書式は、コピー先にも反映されます。

オートフィルを使ってコピー元の書式のない式や値のみをコピーをしたい場合は、（［オートフィルオプション］ボタン）をクリックし、［書式なしコピー］を選択します。

演習 3-1-5 表の書式を整えよう

演習 3-1-4 で作成した表の体裁を整えましょう。
完成イメージのように表の書式を設定しましょう。

演習内容

1. 表に格子の罫線と太い外枠を設定すること
2. 表の項目の行は太字にして、セルの背景を薄い灰色に塗りつぶしすること
3. タイトルは、A1 ～ F1 のセルを結合し、ゴシック、文字サイズを 16 ポイントにすること
4. B 列の列幅を文字列に合わせて調整し、項目行の行の高さを 25 に設定すること
5. 数値には 3 桁ごとにカンマ区切りを設定すること

	A	B	C	D	E	F
1	洋菓子売上集計表					
2					6月14日	
3	**商品番号**	**種類**	**価格**	**数量**	**金額**	**構成比**
4	B0001	ゼリー	250	56	14,000	23.0%
5	B0002	焼き菓子	150	49	7,350	12.1%
6	B0003	プリン	350	36	12,600	20.7%
7	B0004	ケーキ（小）	410	41	16,810	27.6%
8	B0005	ケーキ（大）	680	15	10,200	16.7%
9	合計			197	60,960	100.0%

完成イメージ

ヒント

セルの書式は、セル範囲を選択して［ホーム］タブの［フォント］グループにある各ボタンで設定します。セル内の文字の配置は、［ホーム］タブの［配置］グループにある各ボタンで設定します（→ p.89 参照）。列の幅や行の高さの調整は、列番号や行番号の境界線をドラッグして調整します。

列の幅、行の高さの変更

列の幅は、列番号と列番号の境界線にマウスポインタを合わせて、ドラッグして調整します。行の高さも、行番号と行番号の境界線にマウスポインタを合わせて、同じように調節します。

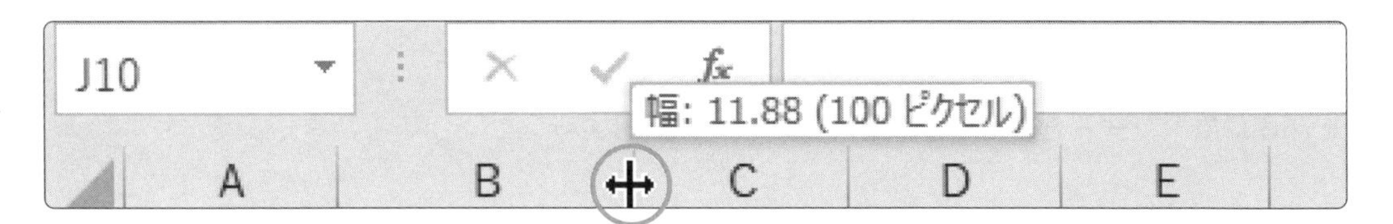

その他、[ホーム] タブの [セル] グループにある [書式] ボタンから、[列の幅] や [行の高さ] を選択して設定するほか、列番号・行番号を右クリックしても設定することができます。

セル内で文字列を改行する

セル内の文字列を改行するには、次の手順で操作します。

1. 対象のセルを選択
2. 数式バーで、行を区切る位置をクリックしカーソルを表示する
   または、セルをダブルクリックし、行を区切る位置にカーソルを表示する
3. キーボードの Alt キーを押しながら Enter キーを押す

応用演習

金額の表示形式を、通貨表示形式に変更すること

演習 3-1-6 表の印刷をしよう

作成した表がどのように印刷されるか確認します。
演習 3-1-5 の表を開き、印刷プレビューを確認しましょう。

演習内容

印刷対象のシートを選択し、印刷プレビューを確認すること

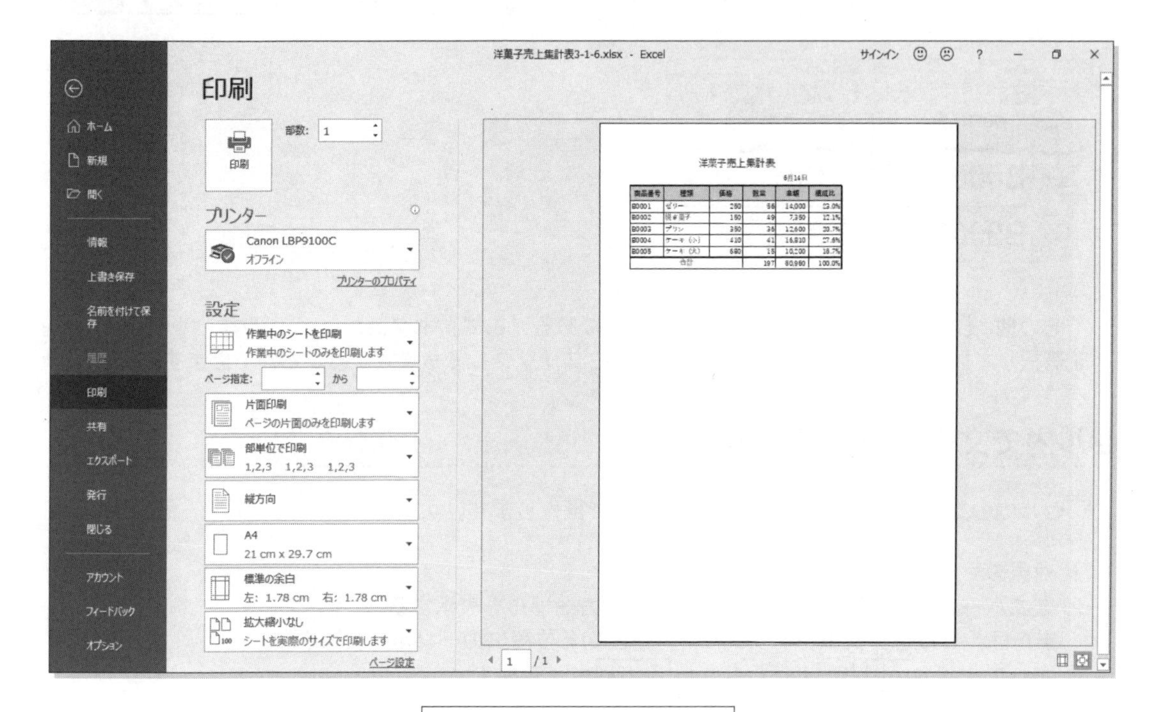

プレビュー

印刷は、接続されているプリンターによって設定できる内容が変わります。表計算のシートには、ページという考え方がありません。家と学校のプリンターは同じ機種ではなく、印刷される行数や列数が変わってしまうこともあります。印刷するときは必ず［改ページプレビュー］で 1 枚に印刷する範囲を設定し、印刷プレビューで印刷するイメージや印刷枚数を確認するようにします。

応用演習

1. 用紙のページ幅いっぱいに印刷するように設定すること
2. 用紙の向きを縦から横に変更してみること

3-2 基本の関数 1

Excel の特徴である関数のうち、よく使う関数は［オート SUM］ボタンから利用することができます。ここでは基本的な関数の使い方を演習します。

演習 3-2-1 合計・平均を求めよう

［オート SUM］ボタンから利用ができる SUM 関数と AVERAGE 関数を使って、データの合計と平均を求めましょう。

演習内容

1. SUM 関数で科目ごとの得点の合計を求め、コピーすること
2. AVERAGE 関数で科目ごとの得点の平均を求め、コピーすること
3. 平均の表示形式は小数点以下第 1 位とすること

	A	B	C	D
1	模擬試験得点			
2				
3	受験番号	Word	Excel	PowerPoint
4	K0101	80	75	80
5	B1210	65	50	
6	J0019	95	100	100
7	B0120	65		80
8	H0251	85	80	80
9	J0198	95	90	100
10	K0203	55	65	60
11	合計	540	460	500
12	平均	77.1	76.7	83.3
13				

完成イメージ

計算式を挿入したいセルを選択し、［ホーム］タブの［編集］グループにある［オート SUM］ボタンをクリックします。または［オート SUM］ボタンの右にある▼をクリックし、リストから［合計］や［平均］を選択します。

関数の書式

●関数の書式と入力について

Excel には、あらかじめ計算方法を定義して登録された数式があり、これを関数といいます。関数は次のような形式で利用されます。

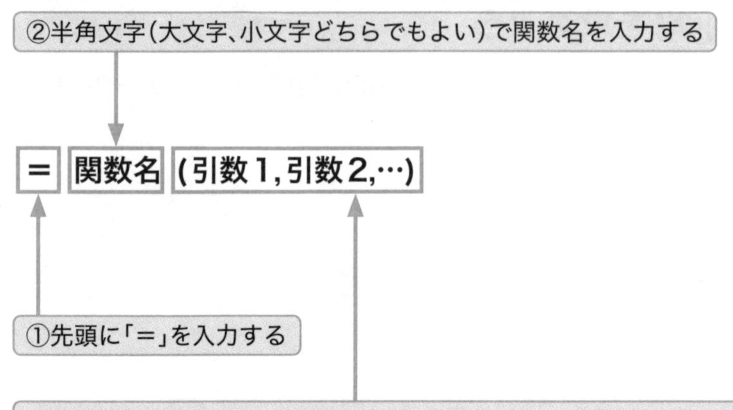

③引数をカッコで囲む。引数が複数ある場合は「,(カンマ)」で区切り、セルの範囲は「:(コロン)」を使って表す。具体的な数値を引数にすることもできる

例）合計を求める SUM 関数の場合
=SUM(D4:D8)……………D4 ～ D8 の値を合計する
=SUM(B3,D3,E5) ……… B3 と D3 と E5 の値を合計する
=SUM(D4:D8,F4:F8)……D4 ～ D8 の値と F4 ～ F8 の値を合計する
=SUM(100,200,50) ……100 と 200 と 50 を合計する

● [オート SUM] ボタンで作成できる関数

[オート SUM] ボタンから利用できる関数には次のようなものがあります。

関数名	概要
SUM 関数（演習 3-2-1）	合計を求める
AVERAGE 関数（演習 3-2-1）	平均を求める
COUNT 関数（演習 3-2-3）	数値の個数を求める
MAX 関数（演習 3-2-2）	最大値を求める
MIN 関数（演習 3-2-2）	最小値を求める

簡単な関数の作成

［オート SUM］ボタンを使えば、合計を計算する SUM 関数を自動で設定できます。

1. 合計を求めたいセルをクリック
2. ［ホーム］タブの［編集］グループにある［オート SUM］ボタンをクリック

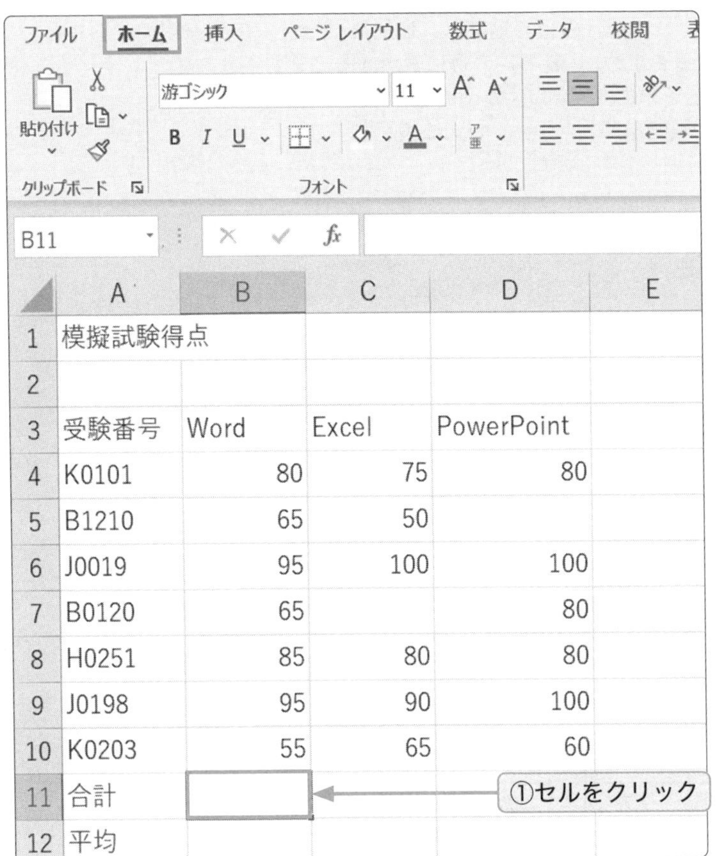

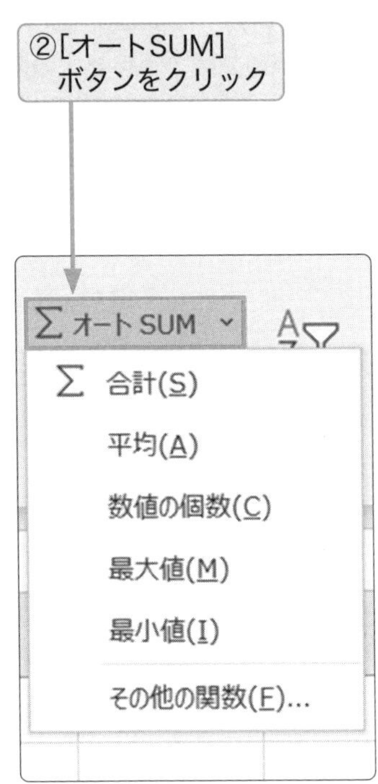

※セル範囲の自動認識について
［合計］をクリックすると、上または左に隣接するセルを合計対象のセル範囲として自動認識します。自動認識された範囲が正しいか必ず確認しましょう。

応用演習

1. 成績を変更して計算結果を確認してみること
2. 得点は、空白の場合と、0 を入力した場合で、どのように値が変化するか確認すること

演習3-2-2 最大値・最小値を求めよう

［オート SUM］ボタンから利用ができる MAX 関数と MIN 関数を使って、データの最大値と最小値を求めましょう。

演習内容

1. 13 行目に「最高」、14 行目に「最低」の行を追加し、E 列に「合計」の列を追加すること
2. MAX 関数で科目ごとの最大値を求め、「最高」の行に表示すること
3. MIN 関数で科目ごとの最小値を求め、「最低」の行に表示すること
4. 受験者ごとの合計を SUM 関数で求め、「合計」の列に表示すること

	A	B	C	D	E
1	模擬試験得点				
2					
3	受験番号	Word	Excel	PowerPoint	合計
4	K0101	80	75	80	235
5	B1210	65	50		115
6	J0019	95	100	100	295
7	B0120	65		80	145
8	H0251	85	80	80	245
9	J0198	95	90	100	285
10	K0203	55	65	60	180
11	合計	540	460	500	
12	平均	77.1	76.7	83.3	
13	最高	95	100	100	
14	最低	55	50	60	
15					

完成イメージ

［オート SUM］ボタンの右にある▼をクリックし、リストから「最大値」「最小値」を選択します。

応用演習

1. 任意箇所の得点を変更して、関数が再計算されることを確認すること
2. 9 行目に行を挿入し、受験者番号「K0154」と Word、Excel、PowerPoint の各得点を入力して、データを追加すると再計算されることを確認すること
3. 得点は、空白の場合と、0 を入力した場合で、どのように値が変化するか確認すること

演習 3-2-3 ある数値の個数を求めよう

［オート SUM］ボタンから利用ができる COUNT 関数を使って、対象の範囲から数値データの個数を求めましょう。

演習内容

1. 16 行目に「受験者数」の行を追加すること
2. COUNT 関数で科目ごとの受験者数を求め、「受験者数」の行に表示すること

	A	B	C	D	E
1	模擬試験得点				
2					
3	受験番号	Word	Excel	PowerPoint	合計
4	K0101	80	75	80	235
5	B1210	65	50		115
6	J0019	95	100	100	295
7	B0120	65		80	145
8	H0251	85	80	80	245
9	K0154	75	85	80	240
10	J0198	95	90	100	285
11	K0203	55	65	60	180
12	合計	615	545	580	
13	平均	76.9	77.9	82.9	
14	最高	95	100	100	
15	最低	55	50	60	
16	受験者数	8	7	7	
17					

完成イメージ

［オート SUM］ボタンの右にある▼をクリックし、リストから［数値の個数］を選択します。空白セル、論理値、文字列、エラー値は、計算の対象にはなりません。

応用演習

得点は、空白の場合と、0 を入力した場合で、どのように値が変化するか確認すること

3-3 基本の関数2

Excelには［オートSUM］ボタンから使用できる関数の他にも、多くの関数があります。これらは関数を検索してセルに挿入することで利用できます。ここでは、よく使う関数に絞って演習をします。

演習 3-3-1 あるデータの個数を求めよう

演習3-2-3で作成した模擬試験得点の表を引き続き使用します。COUNTA関数を使って、申込人数を求めましょう。

演習内容

1. A2に「申込人数」と入力すること
2. B2にCOUNTA関数で求めた受験番号の数を表示すること

	A	B	C	D	E
1	模擬試験得点				
2	申込人数	8			
3	受験番号	Word	Excel	PowerPoint	合計
4	K0101	80	75	80	235
5	B1210	65	50		115
6	J0019	95	100	100	295
7	B0120	65		80	145
8	H0251	85	80	80	245
9	K0154	75	85	80	240
10	J0198	95	90	100	285
11	K0203	55	65	60	180
12	合計	615	545	580	
13	平均	76.9	77.9	82.9	
14	最高	95	100	100	
15	最低	55	50	60	
16	受験者数	8	7	7	
17					

完成イメージ

ヒント

空白以外の文字列や数値のデータ数を数えるときはCOUNTA関数を使います。COUNT関数で数えられるのは数値の入っているセルだけです。この演習の受験番号のように文字列を含んでいるセルを数えるときは、COUNTA関数を使います。COUNTA関数は、すべての種類のデータを含むセルを計算の対象とします。

COUNT 関数と COUNTA 関数の違い

● COUNT 関数

範囲内の数値の個数を返します。
空白セル、論理値、文字列、またはエラー値は計算の対象にはなりません。

● COUNTA 関数

範囲に含まれる空白ではないセルの個数を返します。
すべての種類のデータを含むセルを計算の対象とします。

[オート SUM] ボタンの他から関数を挿入する方法

・[数式] バーにある [関数の挿入] ボタンをクリックする

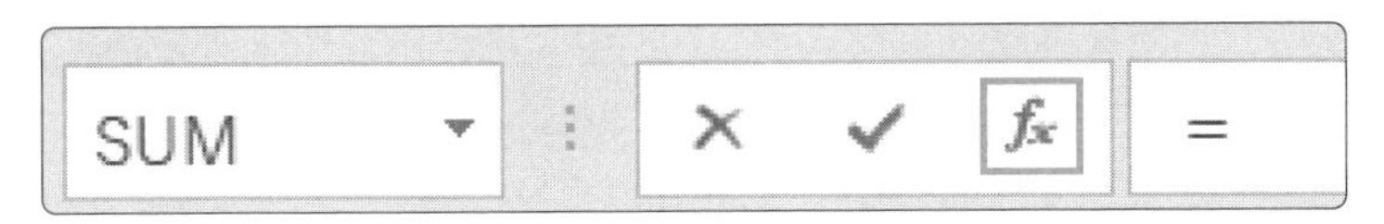

・[数式] タブの [関数の挿入] ボタンから関数を入力する

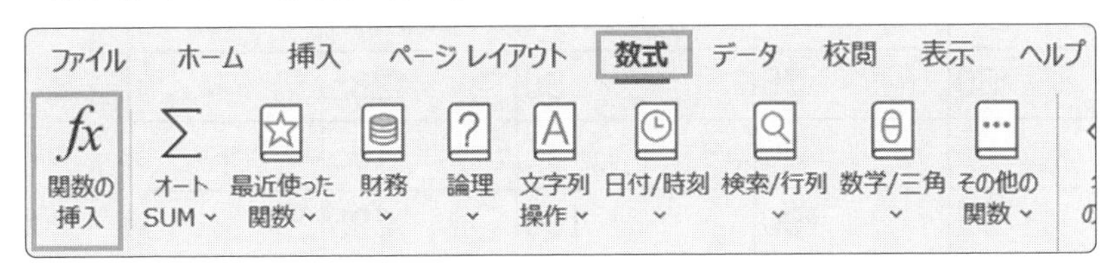

・キーボードから直接入力する

[関数の挿入] 画面

[関数の挿入] ボタンをクリックすると、関数のダイアログボックスが表示されます。

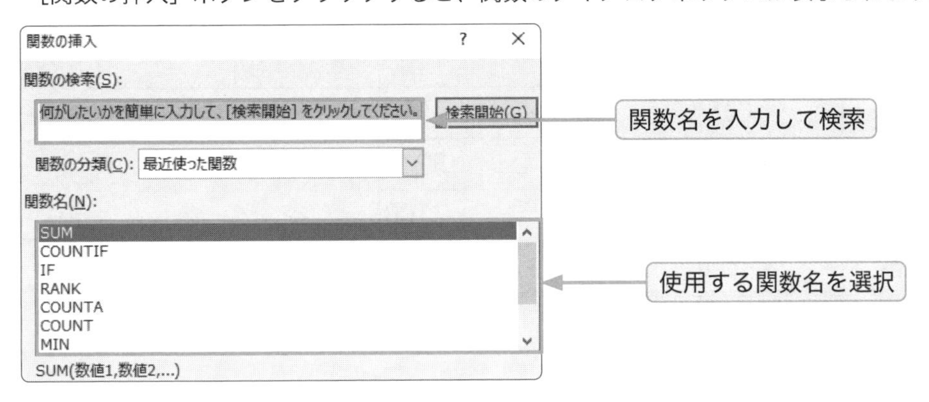

よく利用する関数

関数名	概要
RANK.EQ 関数（演習 3-3-2）	順位付け
IF 関数（演習 3-3-3）	条件の判断
COUNTIF 関数（演習 3-3-4）	条件にあったセルをカウント

演習 3-3-2 数値の順位を求めよう

RANK.EQ 関数を使って、成績の順位を求めましょう。

演習内容

1. F 列に「順位」の列を追加すること
2. RANK.EQ 関数で合計点の順位を求め、「順位」の列に表示すること

	A	B	C	D	E	F	G
1	模擬試験得点						
2	申込人数	8					
3	受験番号	Word	Excel	PowerPoint	合計	順位	
4	K0101	80	75	80	235	5	
5	B1210	65	90		155	7	
6	J0019	95	100	100	295	1	
7	B0120	65		80	145	8	
8	H0251	85	80	80	245	3	
9	K0154	75	85	80	240	4	
10	J0198	95	90	100	285	2	
11	K0203	55	65	60	180	6	
12	合計	615	585	580			
13	平均	76.9	83.6	82.9			
14	最高	95	100	100			
15	最低	55	65	60			
16	受験者数	8	7	7			
17							

完成イメージ

関数に引数が複数ある場合は、カンマで区切ります（→ p.102 参照）。同率で 2 位の値が 2 つある場合は、次の順位は自動的に調整され、4 位と表示されます。

RANK.EQ 関数

数値のリストの中で、指定した数値の順序を求めます。

= RANK.EQ (数値 , 参照 , 順序)

例）C3 ～ C9 でセル C3 の順序を求めたい場合
　　= RANK.EQ(C3,C3:C9,0)

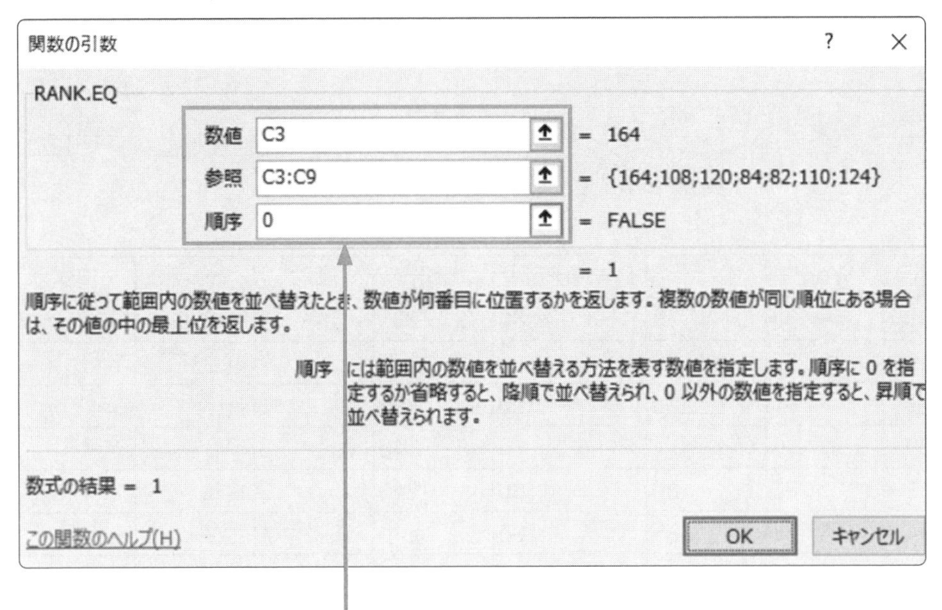

数値：範囲内での順位を調べる数値を指定（必須）
参照：対象範囲（必須、コピーする場合は絶対参照）
順序：降順の場合→ 0 か未入力　昇順の場合→ 1

応用演習

D10 の点数を 60 点に変更し、同率順位の場合は、どのように表示されるか確認すること

演習 3-3-3 条件に応じて処理を変えよう

IF 関数を使って、条件に応じて合否の判定を求めましょう。

演習内容

G列に「合否」の列を追加し、IF関数を使用して以下のように表示すること

- ・Word、Excel、PowerPointの合計点が240以上であれば「合格」
- ・合計点が240未満なら「不合格」

	A	B	C	D	E	F	G	H
1	模擬試験得点							
2	申込人数	8						
3	受験番号	Word	Excel	PowerPoint	合計	順位	合否	追試
4	K0101	80	75	80	235	5	不合格	可
5	B1210	85	90		175	7	不合格	不可
6	J0019	95	100	100	295	1	合格	
7	B0120	65		80	145	8	不合格	不可
8	H0251	85	80	80	245	3	合格	
9	K0154	75	85	80	240	4	合格	
10	J0198	95	90	100	285	2	合格	
11	K0203	55	65	60	180	6	不合格	可
12	合計	635	585	580				
13	平均	79.4	83.6	82.9				
14	最高	95	100	100				
15	最低	55	65	60				
16	受験者数	8	7	7				
17								
18								

完成イメージ

ヒント

IF関数の書式は、＝IF(論理式,真の場合,偽の場合)です。論理式は条件式のことで、あるセルとある値が等しい、または大小などの条件を設定します。論理式は、C2<0.5のように左辺にセル番地、右辺に値を書きます。未満は<、より大きいは>、以上は>=、以下は<=、等しくない場合は<>と表現します。以上と以下の場合は、不等号<（>）の右側にイコール（=）を入力することに注意しましょう。空白を表示させるときは「"（ダブルクォーテーション）」を2つ連続して入力します。スペースキーで空白を打つと1文字分の「空白の文字列」の扱いになるので違いを確認しましょう。

IF 関数

指定した条件を満たしている場合と、満たしていない場合の結果を表示できます。

= IF(①論理式 , ②真の場合 , ③偽の場合)

②や③に文字列を指定したい場合は「"(ダブルクォーテーション)」で囲む必要があります。また、空白を表示させるときは「"」を 2 つ連続して入力します。

例）セル B3 が基準値 (D3) 以上であれば△、そうでなければ▼と表示したい場合
　＝ IF（B3>=D3," △ "," ▼ "）

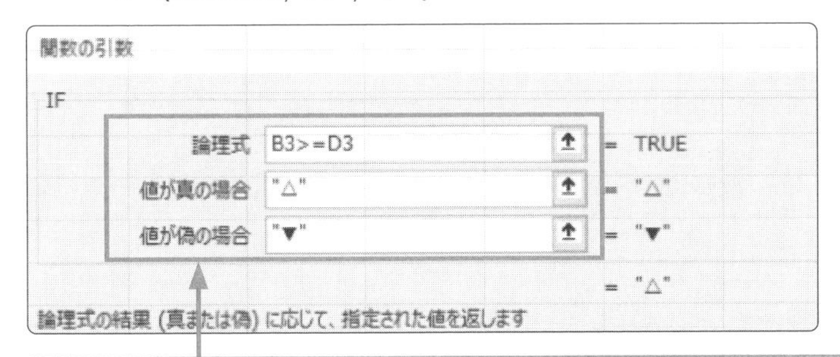

論 理 式：比較演算子を用いて、判断の基準となる比較の式を指定
真の場合：論理式の結果がそのとおりである（TRUE）の場合の処理を指定
偽の場合：論理式の結果がそうではない（FALSE）の場合の処理を指定

比較演算子

IF 関数の論理式には、「○○が ×× だったら」という条件を入力します。

セル B3 が 80 より大きかったら	B3>80
セル B3 が 80 以上だったら	B3>=80
セル B3 が 80 より小さかったら	B3<80
セル B3 が 80 以下だったら	B3<=80
セル B3 が 80 だったら（等しい）	B3=80
セル B3 が 80 に等しくなかったら	B3<>80

関数のネスト

IF 関数は、「真の場合」、「偽の場合」の引数部分に繰り返し IF 関数を指定することもできます。引数内に関数を使用することを、関数のネストといいます。
例えば、3 個の IF 関数を繰り返して使用する場合は、次のようになります。

=IF(論理式 , 真の場合 ,IF(論理式 , 真の場合 ,IF(論理式 , 真の場合 , 偽の場合)))

応用演習

H 列に「追試」の列を追加し、IF 関数を使用して以下のように表示すること
・Word、Excel、PowerPoint の合計点が 240 以上であれば空白
・合計点が 180 以上 240 未満であれば「可」
・合計点が 180 未満は「不可」

演習 3-3-4 条件に合うデータの個数を求めよう

COUNTIF 関数を使って、条件に合ったセルの個数を求めましょう。

演習内容

1. 17行目に「100点」の行を追加すること
2. COUNTIF関数で試験科目ごとに、それぞれ100点が何人いたかを表示すること

S24

	A	B	C	D	E	F	G	H	I
1	模擬試験得点								
2	申込人数	8							
3	受験番号	Word	Excel	PowerPoint	合計	順位	合否	追試	
4	K0101	80	75	80	235	5	不合格	可	
5	B1210	85	90		175	7	不合格	不可	
6	J0019	95	100	100	295	1	合格		
7	B0120	65		80	145	8	不合格	不可	
8	H0251	85	80	80	245	3	合格		
9	K0154	75	85	80	240	4	合格		
10	J0198	95	90	100	285	2	合格		
11	K0203	55	65	60	180	6	不合格	可	
12	合計	635	585	580					
13	平均	79.4	83.6	82.9					
14	最高	95	100	100					
15	最低	55	65	60					
16	受験者数	8	7	7					
17	100点	0	1	2					
18									

完成イメージ

COUNTIF関数の書式は、=COUNTIF(範囲,検索条件)です。[検索条件]を「100」と入力すれば、[範囲]の中から「100」であるセルの数を数えます。[検索条件]にはセル参照も指定できます。

COUNTIF 関数

条件にあったセルを数える関数です。

= COUNTIF(範囲 , 検索条件)

例）F4 ～ F20 で、セル I4 の値（可）の数をカウントする
　　= COUNTIF(F4:F20,I4)

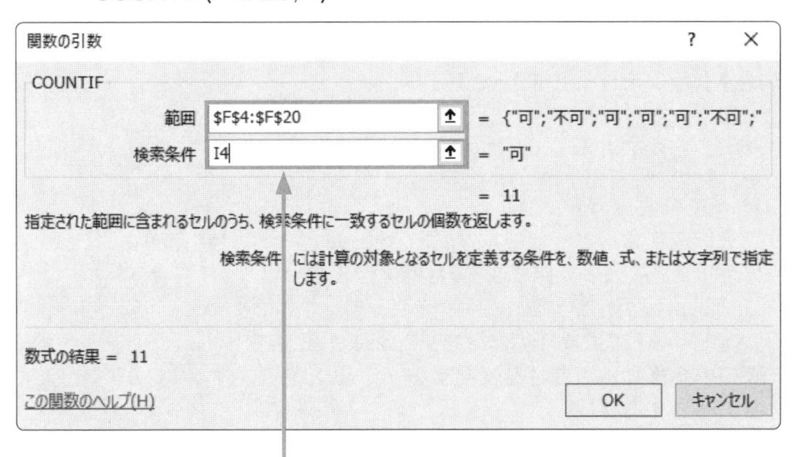

範　　囲：対象範囲
検索条件：検索条件を指定
　　　　　文字列や式を指定するには、前後に「“（ダブルクォーテーション)」を入力
　　　　　例：「" 男 "」「">=200"」など

3-4 グラフ

Excel ではデータから簡単にグラフを作成できます。ここでは Excel のグラフのうち、基本的なものを演習します。

演習 3-4-1　棒グラフを作成しよう

データの量や大小を表すには、棒グラフが適しています。
学部ごとの学生数が分かる縦棒グラフを作成しましょう。

演習内容

学部別の学生数を表すグラフを作成すること
縦棒グラフ……………………A3〜E8を選択して作成する。合計は含まない
グラフタイトル……………「学部別学生数」とする
軸ラベル(縦軸)……………「人」とする。文字の方向を見やすく配置する
グラフの位置と大きさ……表の下へ移動し大きさを変更する
凡例…………………………右に移動する
データラベル………………表示する

2019年度学生数

（単位：人）

学部	1年生	2年生	3年生	4年生	合計
文学部	568	698	602	598	2,466
法学部	159	165	201	231	756
経済学部	695	596	603	645	2,539
人間科学部	452	398	405	425	1,680
情報学部	356	298	301	347	1,302

学部別学生数

人

800
700
600
500
400
300
200
100
0

文学部　法学部　経済学部　人間科学部　情報学部

1年生
2年生
3年生
4年生

完成イメージ

グラフ作成は、［挿入］タブの［グラフ］グループから作成したいグラフを選択します。完成イメージのグラフは、［縦棒 / 横棒グラフの挿入］の［2-D 縦棒］から［集合縦棒］を選択します。グラフをクリックして表示されるタブは［グラフのデザイン］と［書式］の2つです。グラフを選択しているときに右上に表示される ＋（［グラフ要素］）ボタンをクリックすると、［グラフ要素を追加］メニューから［グラフタイトル］や［軸ラベル］などの表示したい機能を選択できます。または［グラフのデザイン］タブの左端にある［グラフ要素を追加］ボタンからも選択することができます。行列の入れ替えを行うには、グラフを選択し［グラフのデザイン］タブの［行列の切り替え］ボタンをクリックします。

グラフの挿入

［挿入］タブの［グラフ］グループで、作成したいグラフのコマンドボタンを使用します。

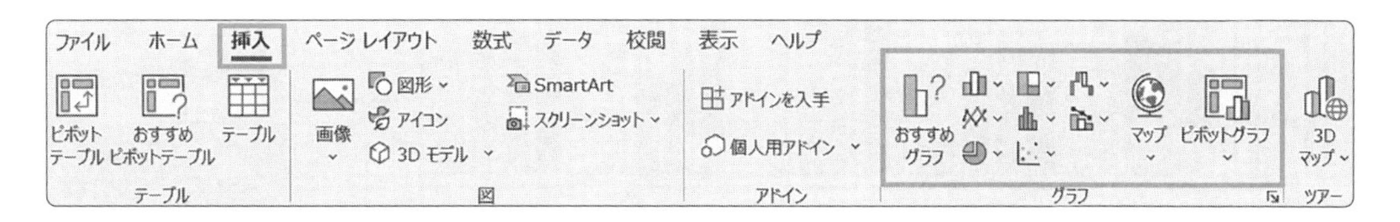

グラフの作成

表の範囲を選択し、［挿入］タブの［グラフ］グループから使用するグラフを選択します。

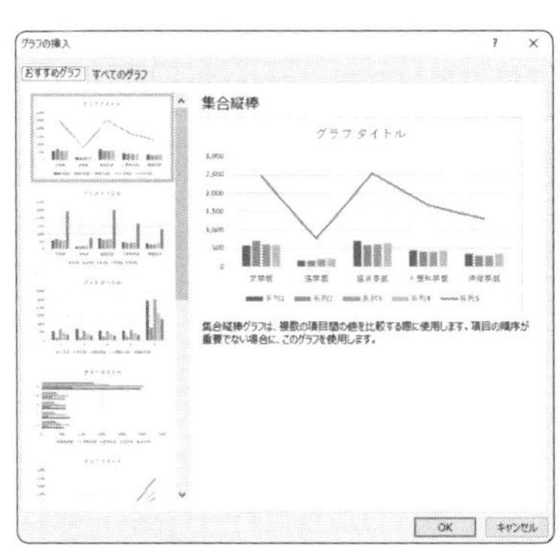

おすすめグラフ

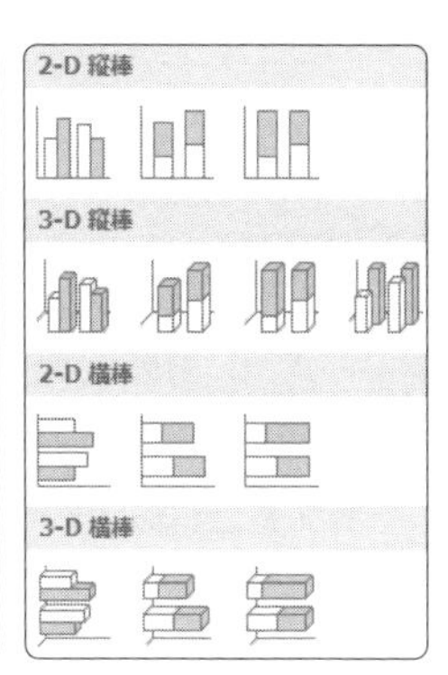

棒グラフ

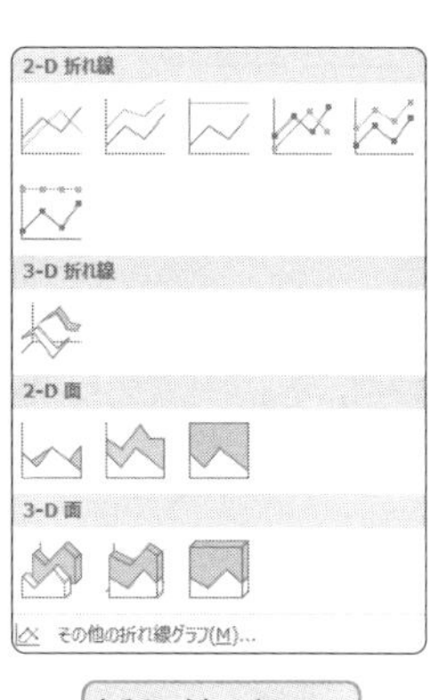

折れ線グラフ

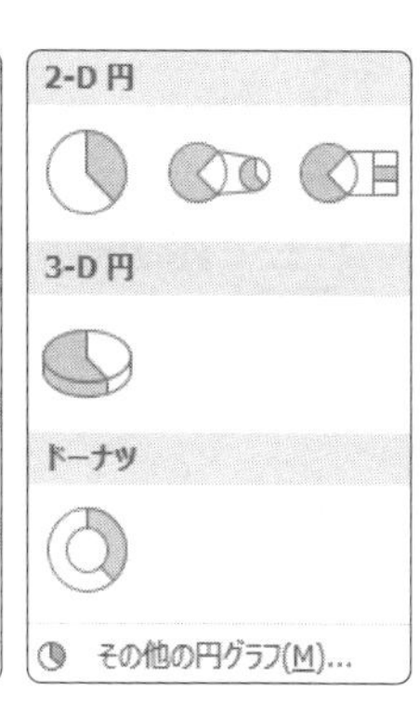

円グラフ

コラム　便利な Alt キー

Alt キーは「代わりの」という意味の Alternate（オルタネイト）が由来といわれています。Windows ショートカットキーに組み合わせると複雑な操作ができるので、調べてみると良いでしょう。

Excel では、セル内で文字列を改行する「Alt キー＋ Enter キー」や、図形やグラフをセルの区切りに合わせて配置する「Alt キー＋ドラッグ操作」が便利です。

Word では、インデントマーカーの位置を微調整する際に Alt キーを押しながらマーカーをドラッグします。

縦棒グラフの構成要素

●縦棒グラフ

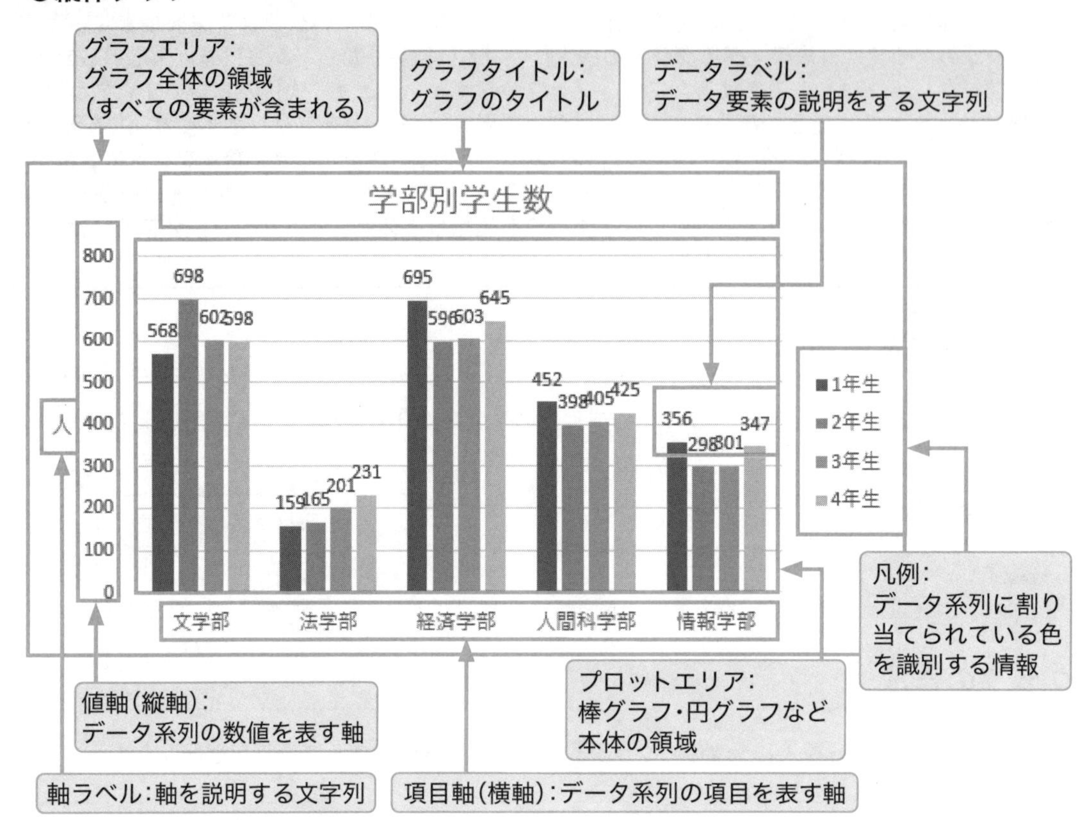

応用演習

行列を入れ替えて学年別の学生数グラフを作成すること
①横軸………学年にする　②凡例………学部にする

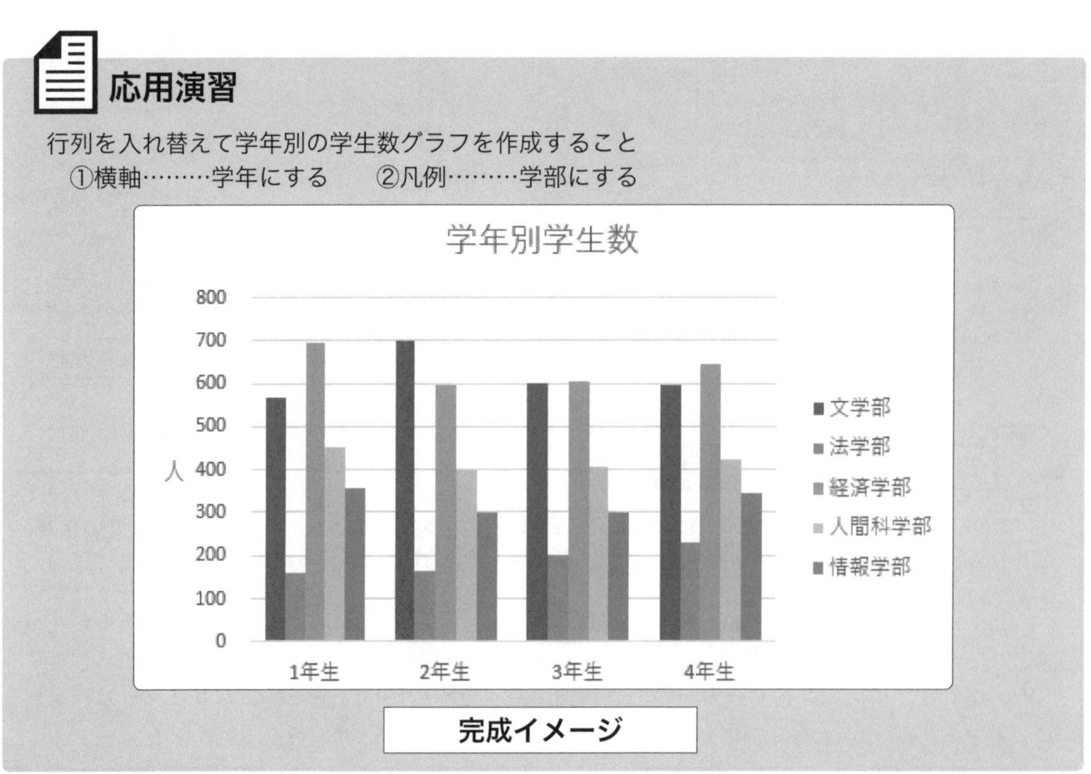

演習 3-4-2 折れ線グラフを作成しよう

データの変化や推移を表すには、折れ線グラフが適しています。
年度別に受験者数の推移が分かる折れ線グラフを作成しましょう。

演習内容

年度別の受験者数の推移を表すグラフを作成すること
マーカー付き折れ線グラフ………A3～E8を選択して作成する
グラフタイトル……………………「受験者数推移」とする
軸ラベル(縦軸)……………………「人」とする。文字の方向を見やすく配置する
グラフの位置と大きさ……………表の下へ移動し大きさを変更する
凡例………………………………右に移動する
データラベル………………………表示する
行列切り替え………………………横軸に「年」、凡例に「学部」が表示されるようにする

受験者数

(単位：人)

学部	2016年	2017年	2018年	2019年
文学部	2,011	2,215	2,305	2,466
法学部	410	469	698	756
経済学部	1,856	1,965	2,096	2,539
人間科学部	896	798	1,295	1,680
情報学部	596	695	845	1,302

受験者数推移

完成イメージ

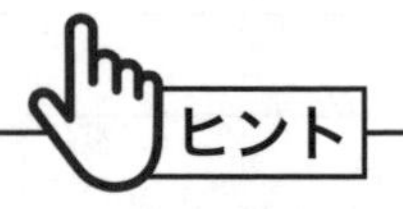

完成イメージのグラフは、[2-D 折れ線] から [マーカー付き折れ線] を選択します。

[グラフのデザイン] の [クイックレイアウト] にある [レイアウト 1] を選択すると簡単に設定ができます。データラベルは、[グラフ要素] の [データラベル] で設定します。[データラベル] や [プロットエリア] など設定方法はどのグラフでも同じなので、作成した他のグラフでも、ラベルやプロットエリアの設定を変更してみましょう。

折れ線グラフのクイックレイアウト

[クイックレイアウト] からタイトルと軸ラベルを表示する [レイアウト 1] を選択すると、必要な要素を簡単に表示できます。

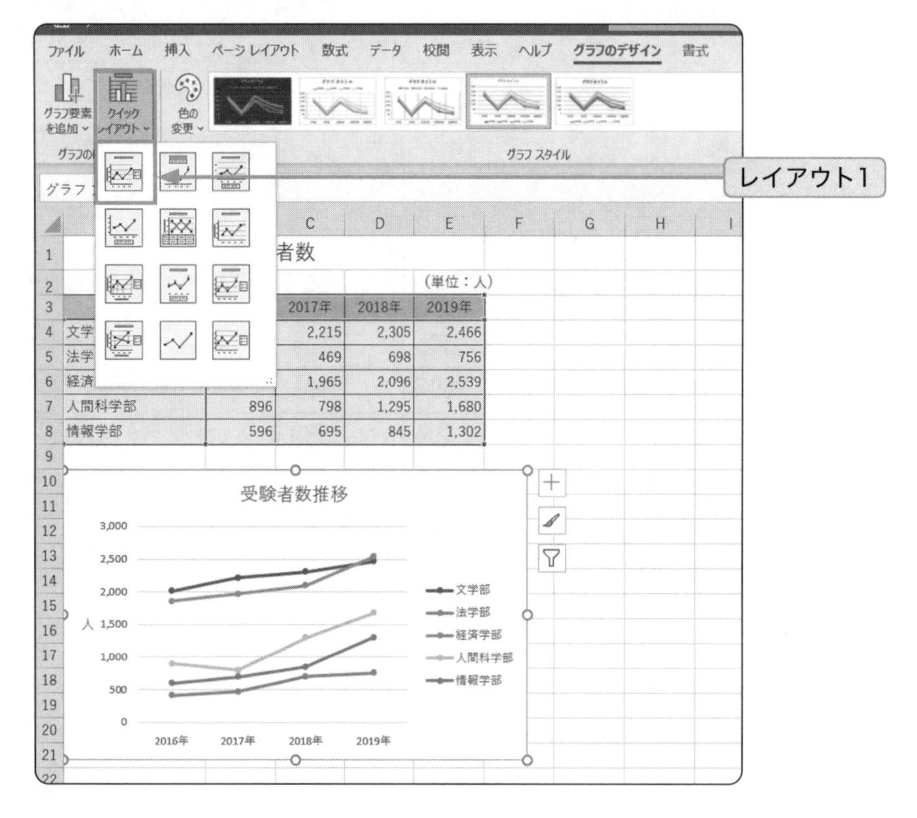

応用演習

[グラフのデザイン] タブにある [グラフスタイル] や [クイックレイアウト] で、グラフ要素の位置やデザインを変更してみること

演習 3-4-3 円グラフを作成しよう

全体の内訳や構成比を表すには、円グラフが適しています。

演習 3-4-2 で作成した表をもとに、2019 年の学部ごとの受験者数構成比（内訳）が分かる円グラフを作成しましょう。

演習内容

2019 年の学部別受験者数の構成比を表すグラフを作成すること

円グラフ……………………セル A3 ～ A8（学部の列）とセル E3 ～ E8（2019 年の列）を選択して作成する
グラフタイトル……………「2019 年受験者数構成比」とする
グラフの位置と大きさ……表の下へ移動し大きさを変更する
データラベル………………分類名とパーセンテージを表示する
凡例…………………………表示しない

	A	B	C	D	E
1	受験者数				
2					（単位：人）
3	学部	2016年	2017年	2018年	2019年
4	文学部	2,011	2,215	2,305	2,466
5	法学部	410	469	698	756
6	経済学部	1,856	1,965	2,096	2,539
7	人間科学部	896	798	1,295	1,680
8	情報学部	596	695	845	1,302
9					

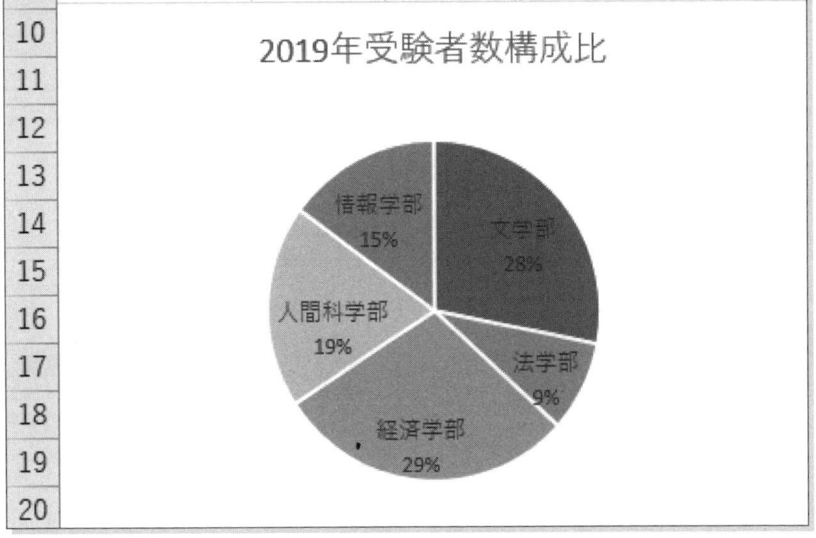

2019年受験者数構成比

文学部 28%
法学部 9%
経済学部 29%
人間科学部 19%
情報学部 15%

完成イメージ

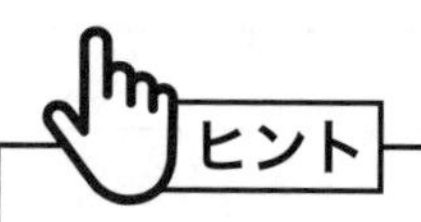

［グラフのデザイン］タブの［クイックレイアウト］にある［レイアウト1］を選択すると簡単に設定ができます。

表を選択する際に、項目名とデータの範囲が離れている場合は、1つ目のセル範囲を選択した後、Ctrlキーを押しながら次の範囲をドラッグして選択します。［データの選択］から［横（項目）軸ラベル］にある［編集］ボタンをクリックし、軸ラベルの範囲を選択することもできます。

円グラフの構成要素

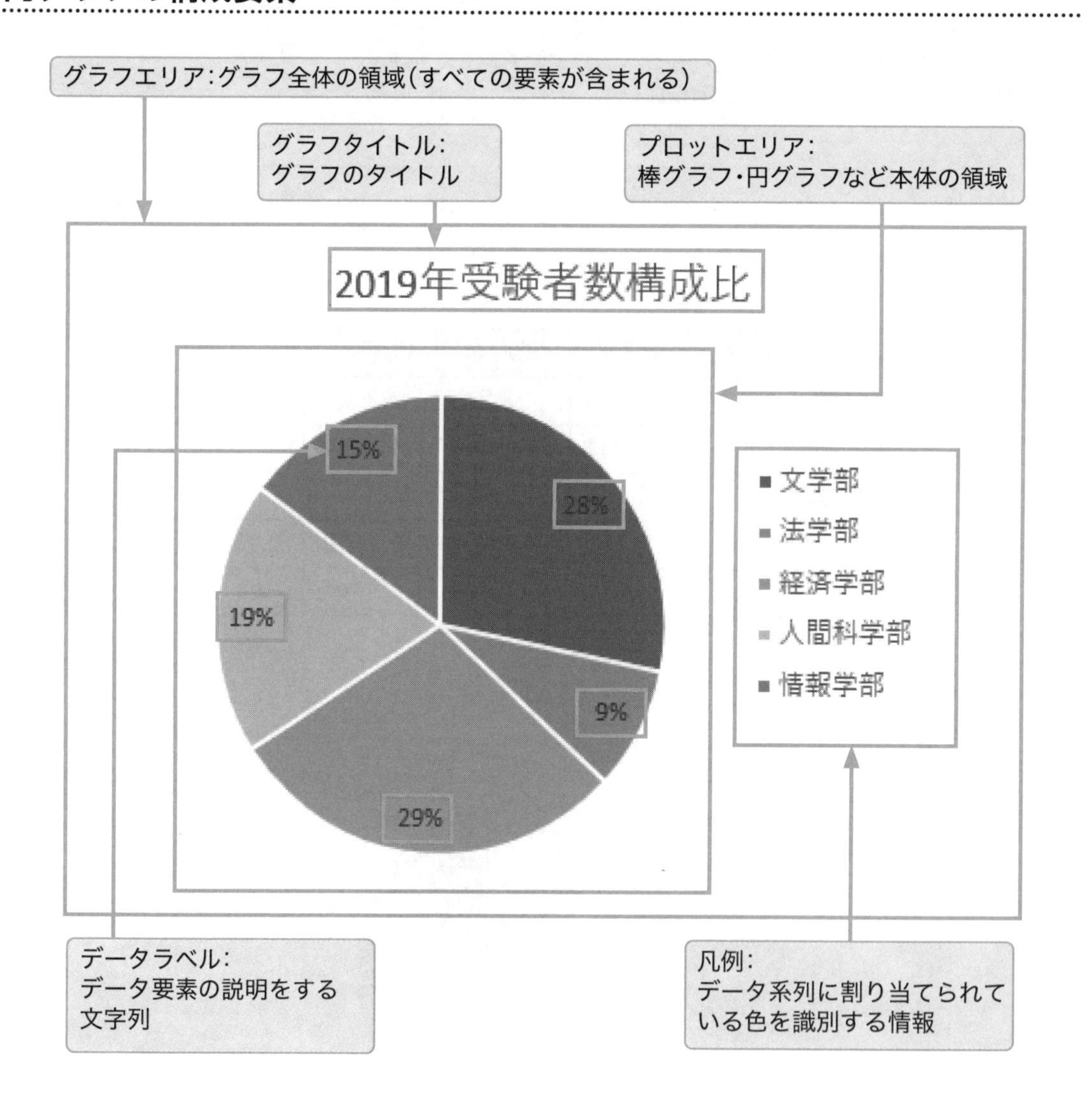

データラベルをパーセンテージ表示にする方法

データラベルをパーセンテージ表示にするには、［グラフのデザイン］タブの［グラフのレイアウト］グループにある［グラフ要素を追加］ボタン、［データラベル］の一番下にある［その他のデータラベルオプション］で、［ラベルオプション］の［ラベルの内容］を［パーセンテージ］に変更します。

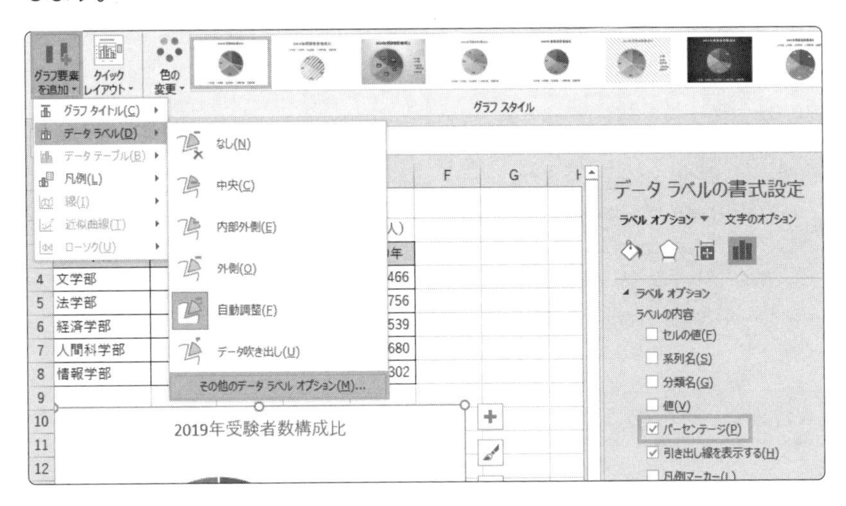

円グラフのクイックレイアウト

［クイックレイアウト］からタイトルとデータラベルを表示する［レイアウト 1］を選択すると、必要な要素を簡単に表示できます（→ p.118 参照）。

応用演習

円グラフから経済学部のグラフ要素を切り離して表示すること

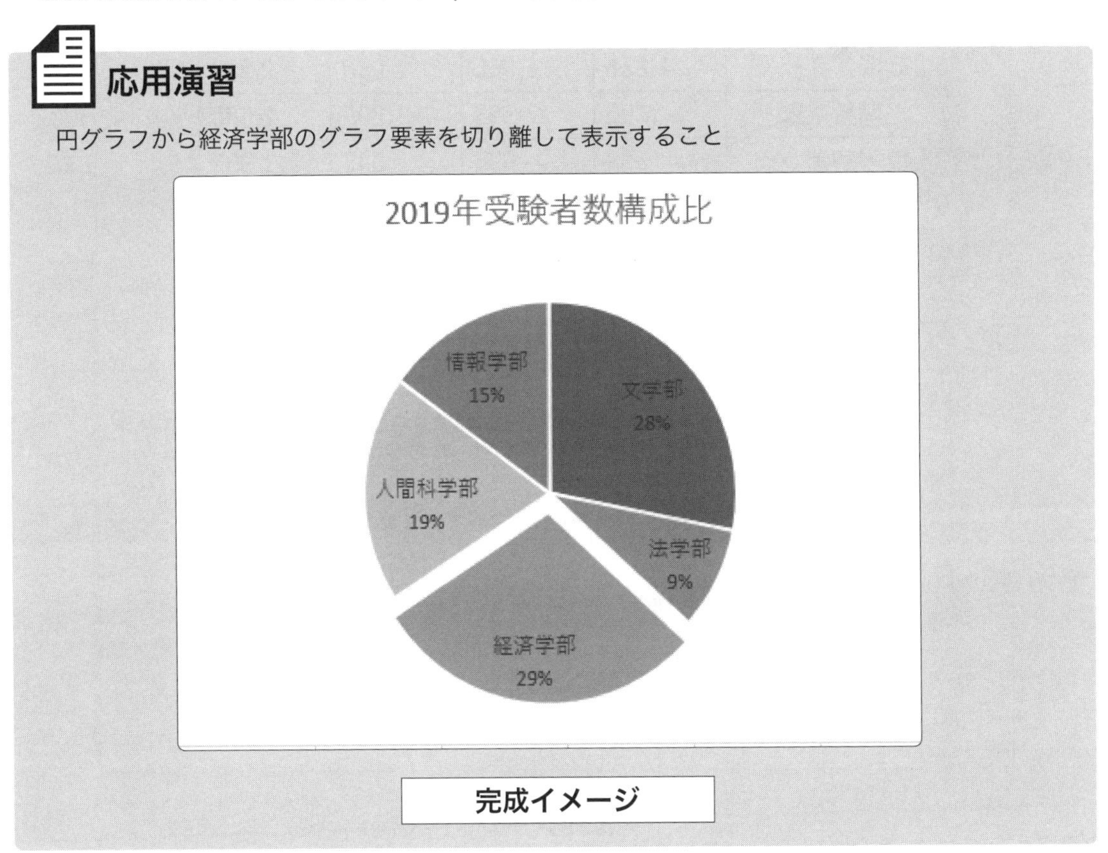

完成イメージ

演習 3-4-4 積み上げ棒グラフを作成しよう

複数項目を比較する場合、積み上げ棒グラフが適しています。
演習 3-4-2 で作成した表をもとに、2016 年から 2019 年の年度別の受験者数内訳がわかる積み上げ横棒グラフを作成しましょう。

演習内容

年度別の受験者数内訳を表すグラフを作成すること
積み上げ横棒グラフを作成……セル A3 ～ E8 を選択して作成する
グラフタイトル…………………「2016 年～ 2019 年の受験者数内訳」とする
グラフの位置と大きさ…………表の下へ移動し大きさを変更する
データラベル……………………表示する
凡例………………………………上に移動する
縦軸、年、凡例…………………学部が表示されるように「行列の切り替え」をする

受験者数

（単位：人）

学部	2016年	2017年	2018年	2019年
文学部	2,011	2,215	2,305	2,466
法学部	410	469	698	756
経済学部	1,856	1,965	2,096	2,539
人間科学部	896	798	1,295	1,680
情報学部	596	695	845	1,302

完成イメージ

ヒント

［グラフのデザイン］タブをクリックし、［クイックレイアウト］の［レイアウト 2］や［レイアウト 4］を選択することでデータラベルを簡単に表示できます。他の年と比較しやすいように区分線を表示するには、［グラフのデザイン］タブの［グラフ要素の追加］の［線］から［区分線］をクリックします。

Excel の棒グラフでは、そのままではデータラベルをパーセンテージ表示にはできません。パーセンテージにしたい場合は工夫が必要になります。

応用演習

年度別の受験者構成比を比較するグラフ（100%積み上げ横棒グラフ）を作成すること

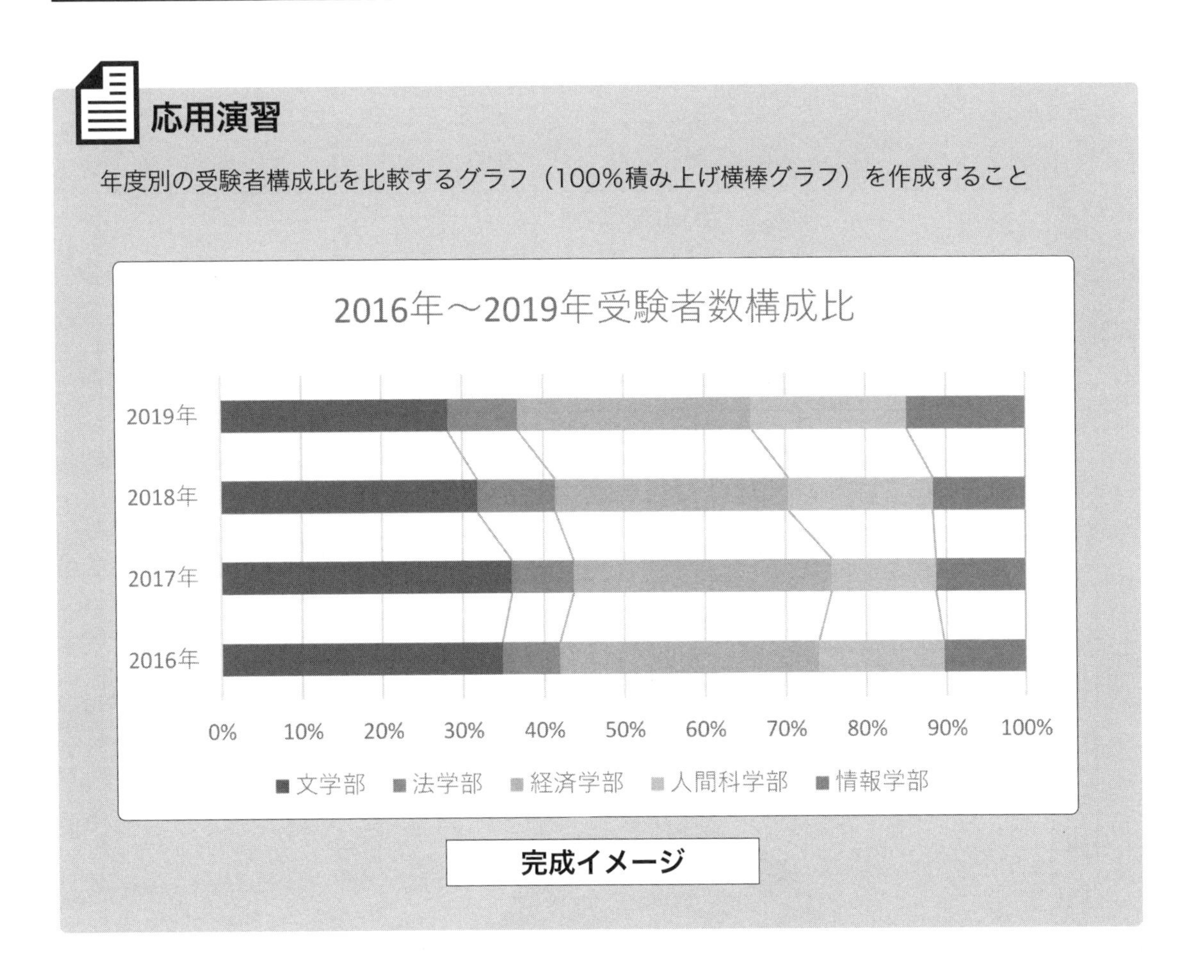

完成イメージ

演習 3-4-5 ドーナツグラフを作成しよう

帯グラフを円状に表示してデータを比較するグラフを、ドーナツグラフといいます。ドーナツグラフは、複数項目の内訳を比較する場合に適しています。

ここでは、2016 年から 2019 年の年度別の内訳が分かるドーナツグラフを作成しましょう。

演習内容

年度別の受験者数内訳を比較するグラフを作成すること
ドーナツグラフ………A3 ～ E8 を選択して作成する
データラベル…………パーセンテージ表示にする

受験者数

（単位：人）

学部	2016年	2017年	2018年	2019年
文学部	2,011	2,215	2,305	2,466
法学部	410	469	698	756
経済学部	1,856	1,965	2,096	2,539
人間科学部	896	798	1,295	1,680
情報学部	596	695	845	1,302

2016年～2019年受験者数構成比

■ 文学部
■ 法学部
■ 経済学部
■ 人間科学部
■ 情報学部

完成イメージ

ヒント

［グラフのデザイン］タブの［クイックレイアウト］で［レイアウト 6］を選択すると簡単に設定ができます。グラフ内部にテキストボックスなどの図形を挿入するには、グラフを選択して［挿入］タブの［図形］をクリックして作図します。

応用演習

2016 年と 2019 年の比較ができるドーナツグラフを作成すること
ドーナツグラフ………A3 ～ B8 と E3 ～ E8 を選択して作成する
吹き出し………………系列（年）を吹き出しの図形で挿入する

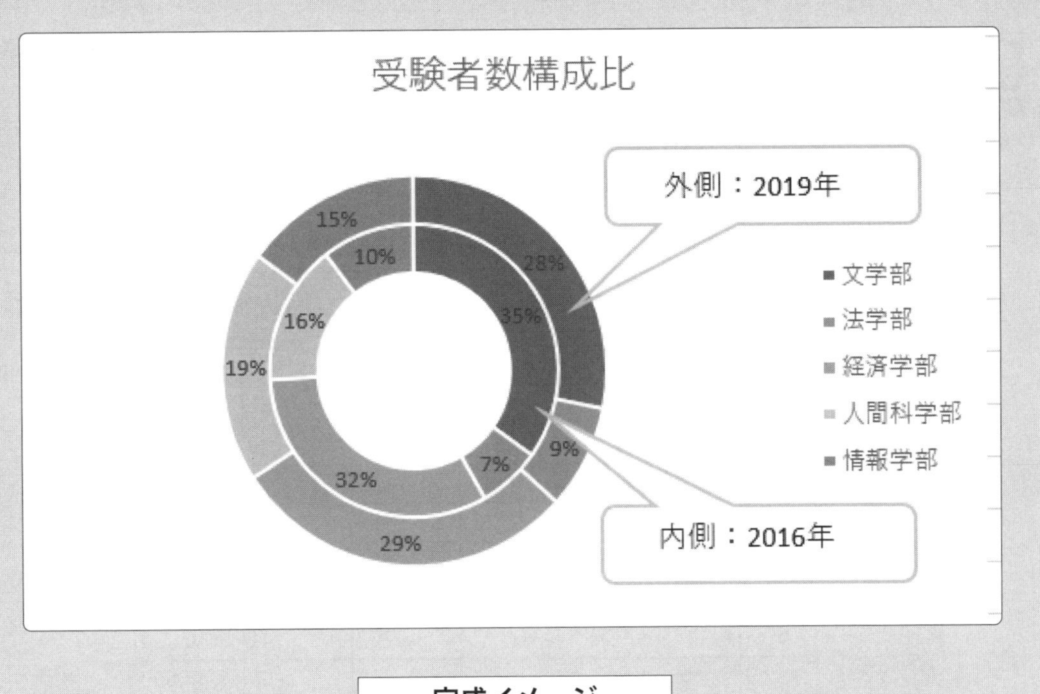

完成イメージ

3-5 データ処理

Excelのデータ処理の基本は、大量のデータを見やすく表示することです。データの並べ替えや抽出をすることで、たくさんのデータの中から目的の値を見つけやすくします。

演習 3-5-1 並べ替えをしよう

表のデータを数量の多い順（降順）に並べ替えましょう。

演習内容

「数量」の多い順(降順)に並べ替えること
(表内の「数量」列の任意のセルをクリックし[降順]で並べ替える)

入力内容

	A	B	C	D	E	F	G	H
1		メニュー別売上集計						
2								
3		商品番号	分類	メニュー	単価	数量	金額	
4		1	麺	味噌ラーメン	680	36	24,480	
5		2	麺	タンメン	780	38	29,640	
6		3	麺	しょうゆラーメン	680	46	31,280	
7		4	麺	とんこつラーメン	810	39	31,590	
8		5	麺	天ぷらそば	980	38	37,240	
9		6	麺	ざるそば	820	44	36,080	
10		7	麺	とろろそば	890	39	34,710	
11		8	麺	きつねうどん	750	41	30,750	
12		9	麺	カレーうどん	890	50	44,500	
13		10	麺	月見うどん	710	36	25,560	
14		11	麺	わかめうどん	690	31	21,390	
15		12	丼	親子丼	780	39	30,420	
16		13	丼	中華丼	850	42	35,700	
17		14	丼	かつ丼	980	53	51,940	
18		15	丼	牛丼	980	49	48,020	
19		16	飯	カレーライス	790	59	46,610	
20		17	飯	かつカレー	960	49	47,040	
21		18	飯	焼きめし	790	39	30,810	
22		19	飯	天津飯	800	41	32,800	
23								

メニュー別売上集計

商品番号	分類	メニュー	単価	数量	金額
16	飯	カレーライス	790	59	46,610
14	丼	かつ丼	980	53	51,940
9	麺	カレーうどん	890	50	44,500
15	丼	牛丼	980	49	48,020
17	飯	かつカレー	960	49	47,040
3	麺	しょうゆラーメン	680	46	31,280
6	麺	ざるそば	820	44	36,080
13	丼	中華丼	850	42	35,700
8	麺	きつねうどん	750	41	30,750
19	飯	天津飯	800	41	32,800
4	麺	とんこつラーメン	810	39	31,590
7	麺	とろろそば	890	39	34,710
12	丼	親子丼	780	39	30,420
18	飯	焼きめし	790	39	30,810
2	麺	タンメン	780	38	29,640
5	麺	天ぷらそば	980	38	37,240
1	麺	味噌ラーメン	680	36	24,480
10	麺	月見うどん	710	36	25,560
11	麺	わかめうどん	690	31	21,390

完成イメージ

並べ替えを行った後に再度他の基準で並べ替える場合は、もう一度番号順に並べ替えて最初の状態に戻してから操作します。

並べ替え操作の方法

[データ] タブの [並べ替えとフィルター] グループのボタンをクリックします。または [ホーム] タブの [編集] グループにある [並べ替えとフィルター] ボタンをクリックします。

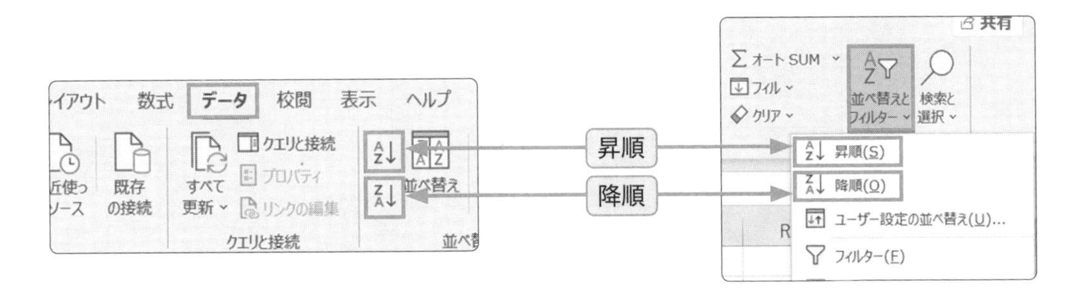

●ひとつの基準で並べ替える場合

並べ替えたいキーの列内をクリックして、[昇順] または [降順] ボタンを選択します。

●複数の基準で並べ替える場合

表内をクリックして [並べ替え] ボタンを選択し、[レベルの追加] ボタンでキーを追加して、複数のキーを設定します。

並べ替え　?　×

レベルの追加(A)　レベルの削除(D)　レベルのコピー(C)　▲　▼　オプション(O)...　☑ 先頭行をデータの見出しとして使用する(H)

列		並べ替えのキー	順序
最優先されるキー	分類	セルの値	昇順
次に優先されるキー	単価	セルの値	小さい順

昇順と降順の違い

昇順は小さい順、降順は大きい順です。
[昇順]：数値（0 → 9）、日付（古→新）、英字（A → Z）、かな（あ→ん）
[降順]：数値（9 → 0）、日付（新→古）、英字（Z → A）、かな（ん→あ）
空白セルは、昇順でも降順でも表の末尾になります。

応用演習

複数の基準で並べ替えること
(「数量」を多い順に、さらに「数量」が同じ場合は「メニュー」を 50 音順 (あ⇒ん) に並べ替える)

商品番号	分類	メニュー	単価	数量	金額
16	飯	カレーライス	790	59	46,610
14	丼	かつ丼	980	53	51,940
9	麺	カレーうどん	890	50	44,500
17	飯	かつカレー	960	49	47,040
15	丼	牛丼	980	49	48,020
3	麺	しょうゆラーメン	680	46	31,280
6	麺	ざるそば	820	44	36,080
13	丼	中華丼	850	42	35,700
8	麺	きつねうどん	750	41	30,750
19	飯	天津飯	800	41	32,800
12	丼	親子丼	780	39	30,420
7	麺	とろろそば	890	39	34,710
4	麺	とんこつラーメン	810	39	31,590
18	飯	焼きめし	790	39	30,810
2	麺	タンメン	780	38	29,640
5	麺	天ぷらそば	980	38	37,240
10	麺	月見うどん	710	36	25,560
1	麺	味噌ラーメン	680	36	24,480
11	麺	わかめうどん	690	31	21,390

完成イメージ

演習 3-5-2 テキストデータの抽出をしよう

文字列の列で条件に合うものを抽出するにはテキストフィルターを使います。
演習 3-5-1 のデータを商品番号順に並べ直し、「分類」の中から「麺」だけを表示しましょう。

演習内容

1. フィルターを使用して「商品番号」順に並べ直すこと
2. [テキストフィルター] を使用して、「分類」が「麺」のデータだけを表示すること

	A	B	C	D	E	F	G
1		メニュー別売上集計					
2							
3		商品番号	分類	メニュー	単価	数量	金額
4		1	麺	味噌ラーメン	680	36	24,480
5		2	麺	タンメン	780	38	29,640
6		3	麺	しょうゆラーメン	680	46	31,280
7		4	麺	とんこつラーメン	810	39	31,590
8		5	麺	天ぷらそば	980	38	37,240
9		6	麺	ざるそば	820	44	36,080
10		7	麺	とろろそば	890	39	34,710
11		8	麺	きつねうどん	750	41	30,750
12		9	麺	カレーうどん	890	50	44,500
13		10	麺	月見うどん	710	36	25,560
14		11	麺	わかめうどん	690	31	21,390
23							

完成イメージ

ヒント

フィルターを使って条件に合うデータだけを抽出（表示）するには、表の中をクリックしてから、[データ] タブの [並べ替えとフィルター] グループ、または [ホーム] タブの [編集] グループにある [並べ替えとフィルター] ボタンから抽出条件を設定します。

抽出を行った後に再度他の条件で抽出をする場合は、フィルターを解除（クリア）して最初の状態に戻してから操作します。すべてのフィルターをクリアするには、[データ] タブの [クリア] ボタンをクリックします。

フィルターを設定する方法

表内をクリックして、[データ] タブの [並べ替えとフィルター] グループにある [フィルター] ボタンを選択します。または [ホーム] タブの [並べ替えとフィルター] ボタンから [フィルター] を選択します。

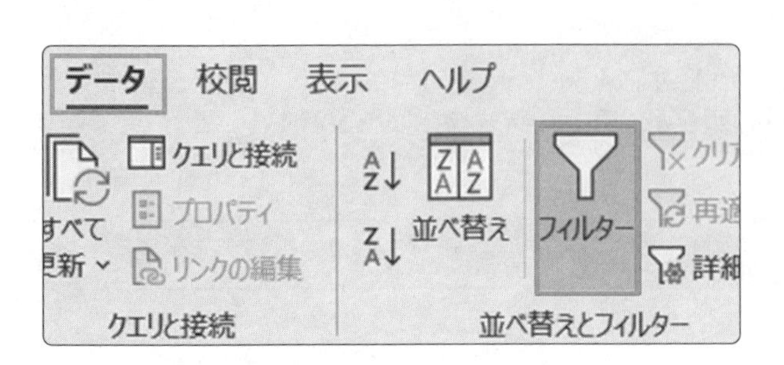

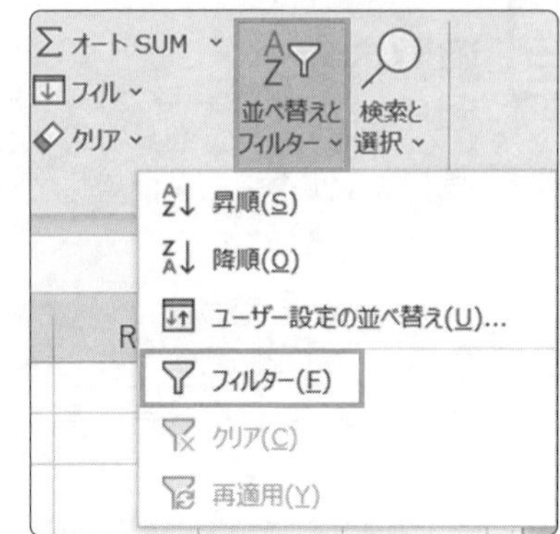

文字列を抽出する場合

対象の文字列が、指定の値に等しい、指定の値を含むなどの条件に合わせて抽出する場合は、[テキストフィルター] を使用します。

[ユーザー設定フィルター] を使用すると、複数条件で抽出することもできます。

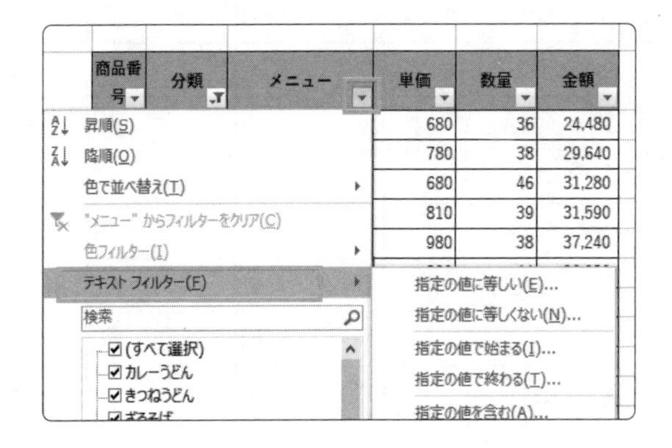

応用演習

すべて表示してから、メニューに「ラーメン」を含むデータを表示すること

演習 3-5-3 数値データの抽出をしよう

数値の列で条件に合うものを抽出するには数値フィルターを使います。
演習 3-5-2 のデータを再度すべて表示したのち、数量が「50」以上のメニューだけ表示しましょう。

演習内容

1. 演習 3-5-2 での設定を解除すること
2. フィルターを使用して「数量」が 50 以上のメニューだけを表示すること

メニュー別売上集計

商品番号	分類	メニュー	単価	数量	金額
9	麺	カレーうどん	890	50	44,500
14	丼	かつ丼	980	53	51,940
16	飯	カレーライス	790	59	46,610

完成イメージ

数値の列には、数値フィルターを使用して抽出します。設定の仕方は、テキストフィルターと同じです。[数値フィルター] の [トップテン] を使用すると、[上位] または [下位] から指定数を抽出することができます。

3
表計算

数値を抽出する場合

対象の数値が、指定の値に等しい、指定の値以上などの条件に合わせて抽出する場合は、[数値フィルター] を使用します。

[ユーザー設定フィルター] を使用すると、複数条件で抽出することもできます。

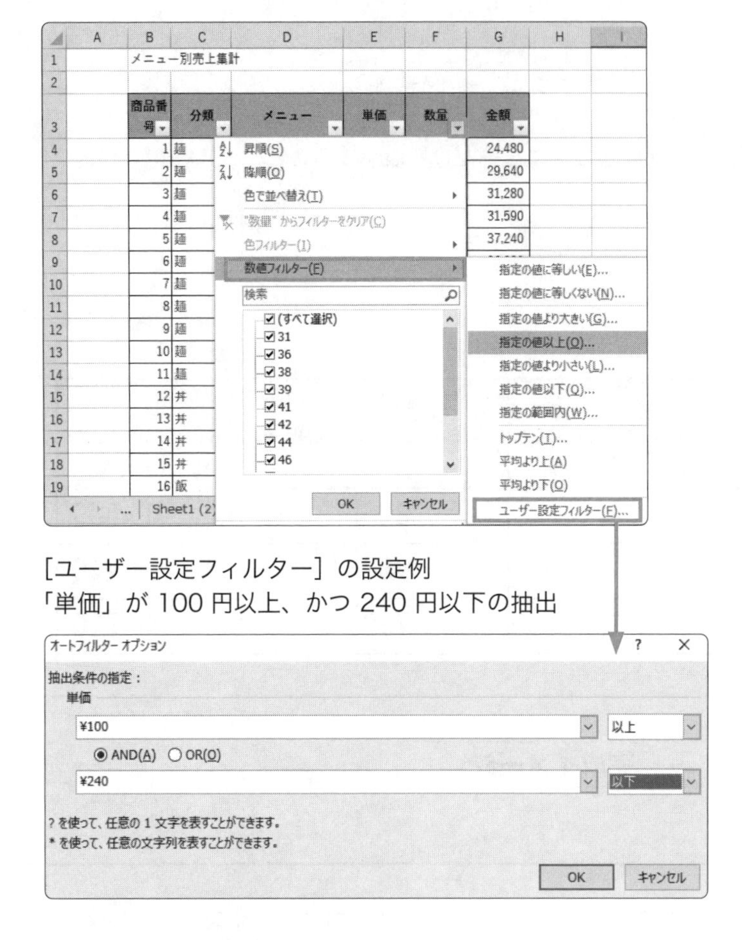

[ユーザー設定フィルター] の設定例
「単価」が 100 円以上、かつ 240 円以下の抽出

上位・下位を検索する場合

[数値フィルター] の [トップテン] を使用し、「上位」「下位」、「レコード数」、「項目」「パーセント」を設定します。

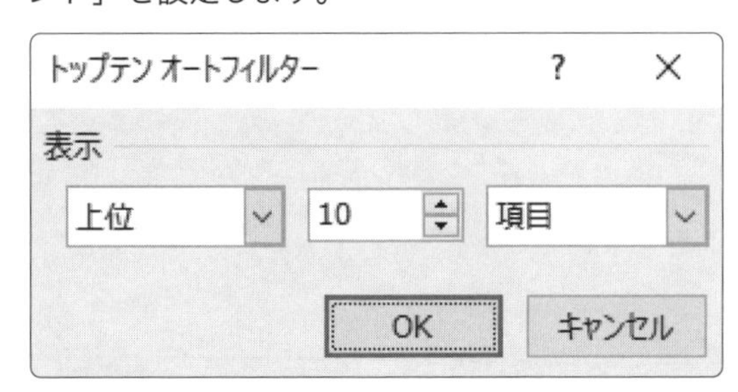

応用演習

フィルターを使用して「数量」上位 5 位まで表示すること

4章

プレゼンテーション

調査の結果を表現する方法は、文書による方法のみではありません。口頭で説明するプレゼンテーションは、聞き手の注意を引きつけながら内容を効果的に伝えることができます。その際に発言を視覚的に補足する資料があれば、発表はより分かりやすいものになります。

プレゼンテーションソフトは、このような補足資料としてのスライド作成に適しています。プロジェクタでスライドを上映した場合に効果を発揮する設計になっており、図形やグラフはもちろんのこと、必要に応じてアニメーションなども加えれば、より印象に残りやすいプレゼンテーションを演出することができます。

本章では、代表的なプレゼンテーションソフトの１つであるMicrosoft PowerPointによる演習を通じて、プレゼンテーションの基本を確認します。具体的な操作の説明はMicrosoft PowerPointを基準としていますが、根底の考え方は他のプレゼンテーションソフトにも共通する部分があるでしょう。

4-1 基本の操作

スライドの作成にはプレゼンテーションソフトを利用します。スライドショーを実行して情報を表示したり、配布用の資料を出力したりする機能があります。

また、スライドのデザインを工夫して、チラシやポスターとして印刷することも可能です。Microsoft PowerPoint はテキスト情報だけではなく、図形、グラフ、写真やイラストのほか、音声や音楽も挿入することが可能です。画面の切り替え効果やアニメーション効果を使えば、より印象に残るプレゼンテーションを行うことができます。

演習 4-1-1 PowerPoint を起動して基本の操作を確認しよう

Microsoft PowerPoint の基本操作を確認します。
PowerPoint を起動して、新しいプレゼンテーションを開きましょう。

演習内容

1. PowerPoint の画面構成を確認して、起動方法を覚えること
2. タブ、リボンの切り替え、ズーム、スクロールの操作などを確認すること
3. 表示モードを切り替えて表示の違いを確認すること

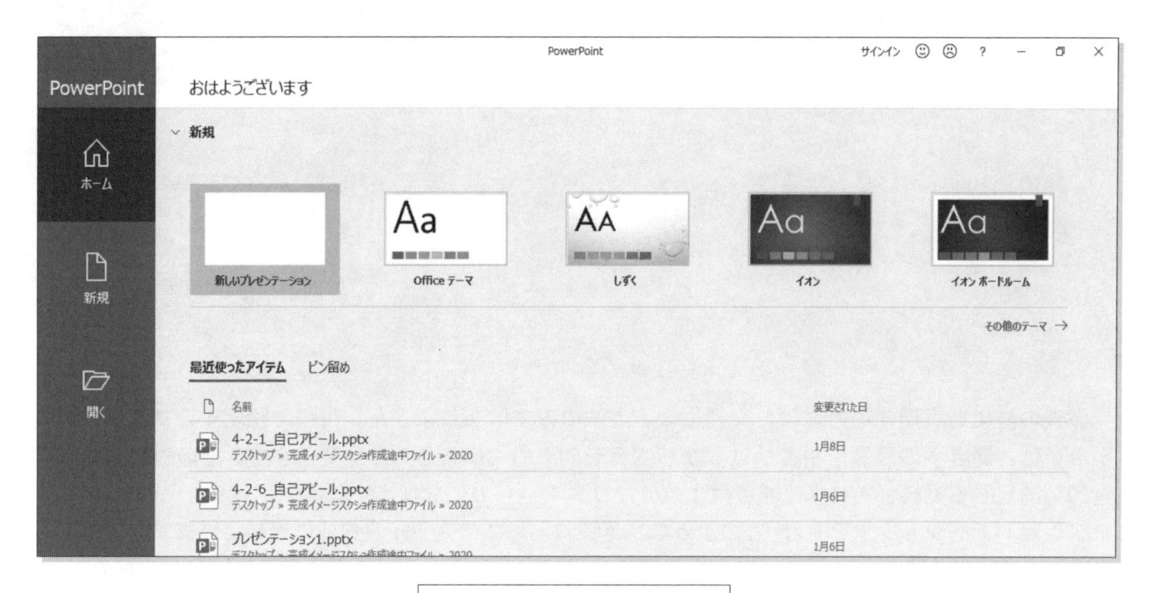

スタート画面

ヒント

Windowsでは[スタート]メニューからPowerPointを起動します。他にWindowsのタスクバーやデスクトップにショートカットがあれば、そこからも起動できます。この操作は、Windows版Microsoft Officeに共通の操作です。第２章の演習2-1-1の操作解説も参照してください(→p.32参照)。

PowerPoint の基本要素

複数のスライドを組み合わせ、プレゼンテーションを行います。
配布資料や、発表者用ノートを作成、印刷することができます。

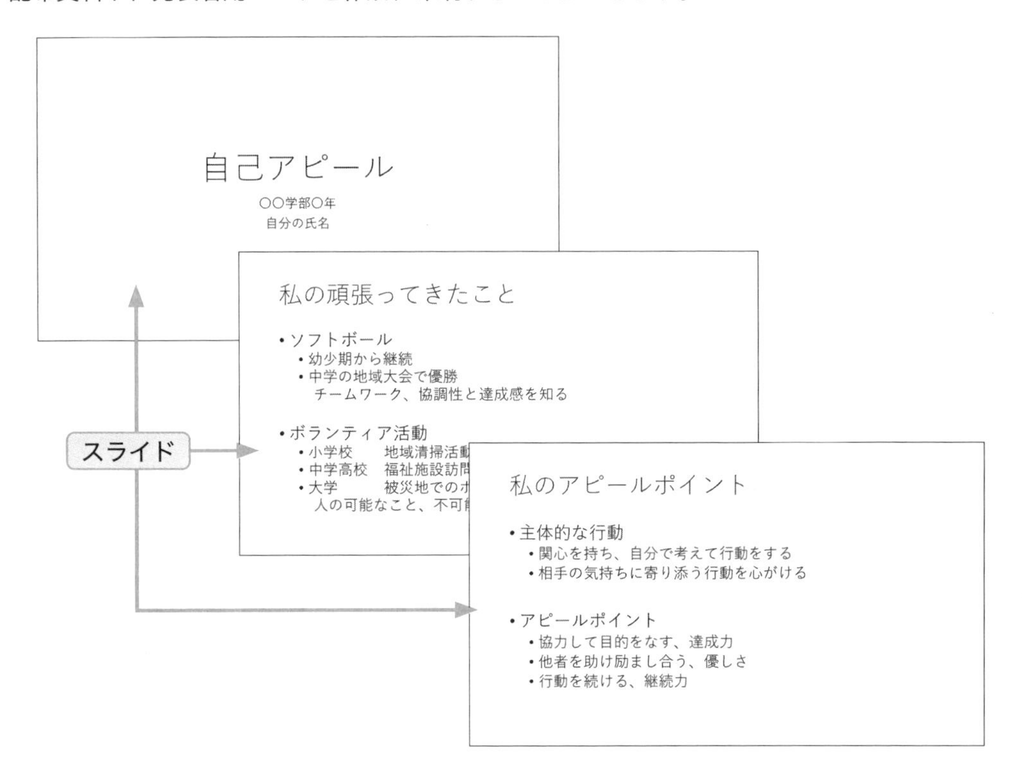

PowerPoint の画面構成

PowerPoint の基本

スライドには、様々なオブジェクトを配置するためのプレースホルダーと呼ばれる枠が用意されています。箇条書き、グラフ、表、イラストなども配置できます。

●プレースホルダーの選択

プレースホルダーの枠線をクリックする

●プレースホルダーの移動

プレースホルダーを選択して、枠線をドラッグする

●プレースホルダーのサイズ変更

プレースホルダーを選択して、ハンドルをドラッグする

●プレースホルダーの削除

プレースホルダーを選択して、Delete キーを押す

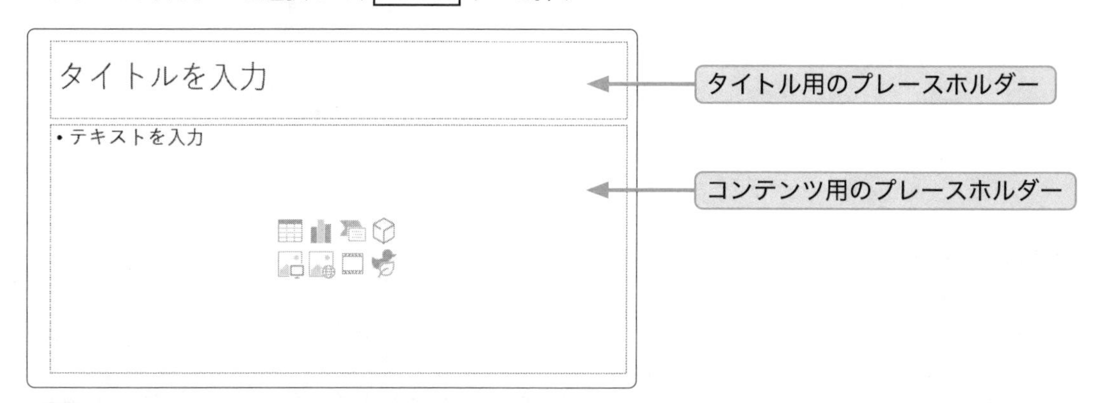

応用演習

1. ［ファイル］タブの［開く］メニューを利用して、他の PowerPoint ファイルを開いてみること
2. 開いたファイルを［閉じる］メニューから閉じてみること

コラム　スライドのサイズ

以前は縦横比 4:3 のディスプレイが主流でしたので、スライドのサイズも縦横比 4:3 で作成されていました。現在はワイドタイプのディスプレイが普及したこともあり、スライドも縦横比 16:9 で作成できるようになり、画面に表示した際によりフィットするようになりました。

作成した PC がワイド画面だとしても、プレゼンテーション用のプロジェクタは、必ずしもワイドとは限りません。プロジェクタにも標準とワイドがあるので、プレゼンテーションの前に確認をしておくと良いでしょう。

PowerPoint では、スライドのサイズは［デザイン］タブの［スライドのサイズ］ボタンで、縦横比［標準（4:3)］または［ワイド画面 (16:9)］、もしくは［ユーザー設定のスライドのサイズ］から設定します。

4-2 スライドの作成

プレゼンテーションスライドの作成練習をします。自分をアピールすることを題材に、他者に向けて説明する資料を作成します。

演習 4-2-1 プレゼンテーションスライドを作成しよう

Microsoft PowerPoint を使用して、自己アピールのプレゼンテーションスライドを作成しましょう。

演習内容

1. スライドの枚数は 3 枚程度とすること
2. 1 枚目のスライドレイアウトは［タイトルスライド］にして、自分なりのタイトルを付け、所属、氏名などを入力すること
3. 2 枚目、3 枚目のスライドレイアウトは［タイトルとコンテンツ］のほか、自分で利用しやすいレイアウトを使用すること

完成イメージ

ヒント

PowerPoint で新しいスライドを追加する場合は、［ホーム］タブの［スライド］グループにある［新しいスライド］ボタンを使用します。

PowerPoint の基本操作

● ［ホーム］タブの一覧

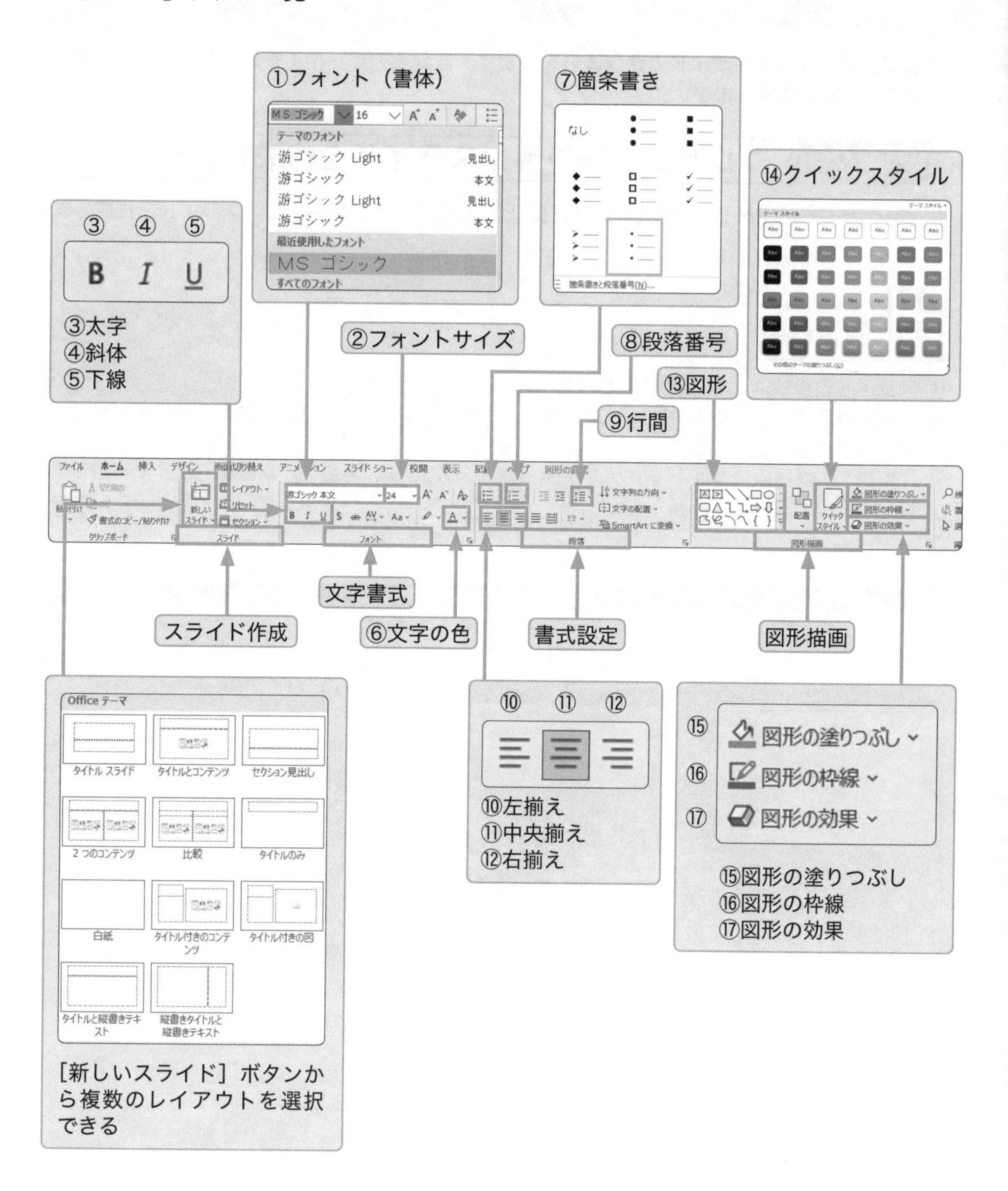

応用演習

1. いろいろなレイアウトのスライドを追加し、不要なスライドを削除する方法を確認すること
2. スライドを非表示にする方法を確認すること

演習 4-2-2 プレゼンテーションスライドに発表原稿を追加しよう

演習 4-2-1 で作成した自己アピールのプレゼンテーションに、ノート機能を使って発表原稿を追加しましょう。

演習内容

各スライドのノートに、発表する原稿を記述すること

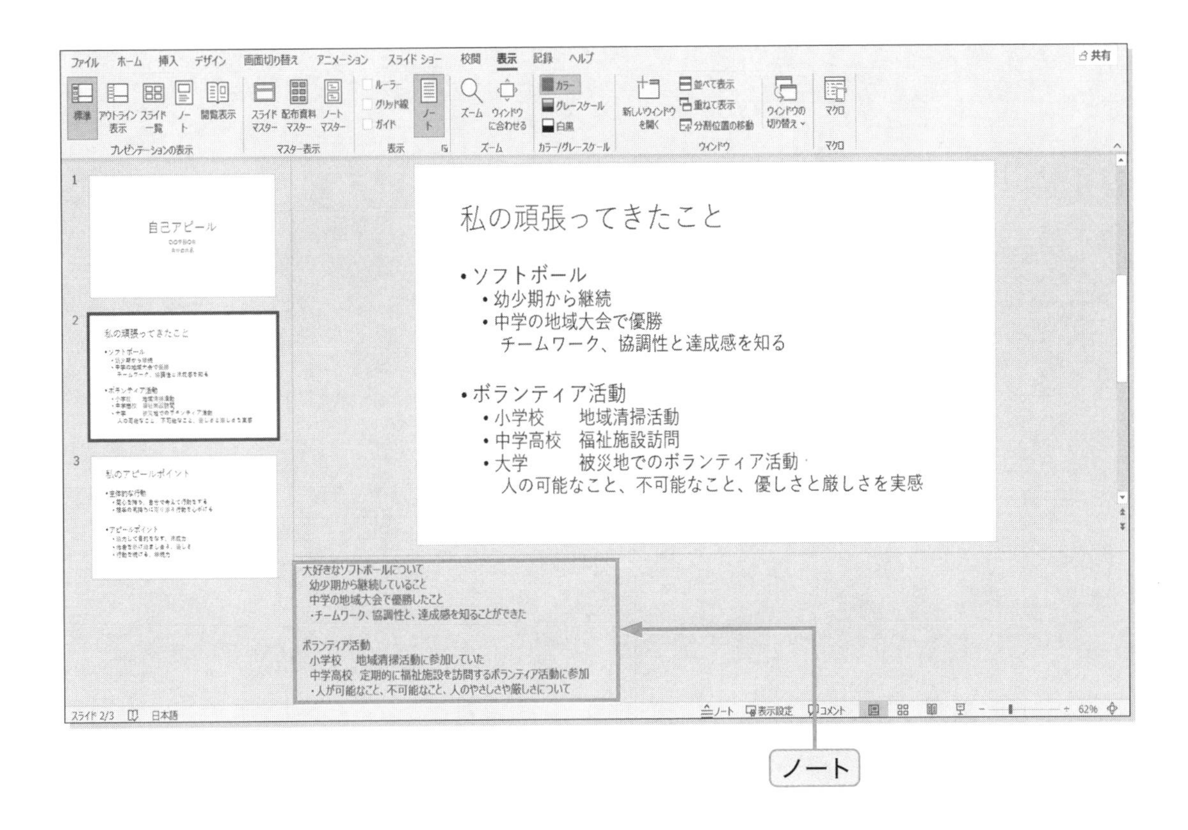

完成イメージ

ヒント

ノートは、スライドペインの下部にあるノートペインをクリックして入力します。ノートペインが表示されていないときは、[表示] タブの [表示] グループにある [ノートペイン] ボタンで表示します。あるいはスライドペインの下部にある境界線をドラッグしてノートペインを広げます。

スライドを作成するときには、スライドにプレゼンテーションのポイントを記載します。プレゼンテーションは、スライドの内容をただ読み上げるものではありません。実際に話す内容（台詞）はノートなどに記入しておくようにします。

演習 4-2-3 プレゼンテーションを発表しよう

演習 4-2-2 で作成した自己アピールのプレゼンテーションを発表してみましょう。

演習内容

スライドショーを実行すること

自己アピール

○○学部○年
自分の氏名

私の頑張ってきたこと

- ソフトボール
  - 幼少期から継続
  - 中学の地域大会で優勝
    チームワーク、協調性と達成感を知る
- ボランティア活動
  - 小学校　地域清掃活動
  - 中学高校　福祉施設訪問
  - 大学　被災地でのボランティア活動
    人の可能なこと、不可能なこと、優しさと厳しさを実感

私のアピールポイント

- 主体的な行動
  - 関心を持ち、自分で考えて行動をする
  - 相手の気持ちに寄り添う行動を心がける
- アピールポイント
  - 協力して目的をなす、達成力
  - 他者を助け励まし合う、優しさ
  - 行動を続ける、継続力

完成イメージ

ヒント

スライドショーの実行は、[スライドショー] タブの [スライドショーの開始] グループから、または画面右下の [スライドショー] ボタンで実行できます。F5 キーでも実行できるので、複数の方法を覚えておきましょう。

スライドの切り替えは、マウスのクリック、Enter キー、Space キー、矢印キーで行います。最終スライドの次に「スライドショーの最後です。クリックすると終了します。」と表示され、さらに進めればスライドショーは終了します。途中で終了する場合は、Esc キーを押すと中断します。

応用演習

複数のやり方で、スライドの切り替え方法を試すこと

演習 4-2-4 プレゼンテーションの配布資料を作成しよう

演習 4-2-2 で作成した自己アピールのプレゼンテーションの配布資料を作成してみましょう。

演習内容

[ファイル] メニューの [印刷] で、設定を [配布資料] に変更して印刷すること

自己アピール
○○学部○年
自分の氏名

1

私の頑張ってきたこと
• ソフトボール
  • 幼少期から継続
  • 中学の地域大会で優勝
  チームワーク、協調性と達成感を知る
• ボランティア活動
  • 小学校　地域清掃活動
  • 中学高校　福祉施設訪問
  • 大学　被災地でのボランティア活動
  人の可能なこと、不可能なこと、優しさと厳しさを実感

2

私のアピールポイント
• 主体的な行動
  • 関心を持ち、自分で考えて行動をする
  • 相手の気持ちに寄り添う行動を心がける
• アピールポイント
  • 協力して目的をなす、達成力
  • 他者を助け励まし合う、優しさ
  • 行動を続ける、継続力

3

完成イメージ

[配布資料] は縮小印刷しますので、1 枚に印刷するスライドの枚数を多くすると、作成したスライドによっては見にくいことがあります。スライドの作成時に、あらかじめ配布資料の作成を考慮しておく必要があります。

PowerPoint の印刷設定には、[配布資料] の他に [フルページサイズのスライド] や発表原稿も含める [ノート] などがあります。枚数の多いスライドを印刷する際は、印刷設定に注意をしましょう。

PowerPointの基本操作「印刷」

［ファイル］タブの［印刷］をクリックし、設定を確認します。

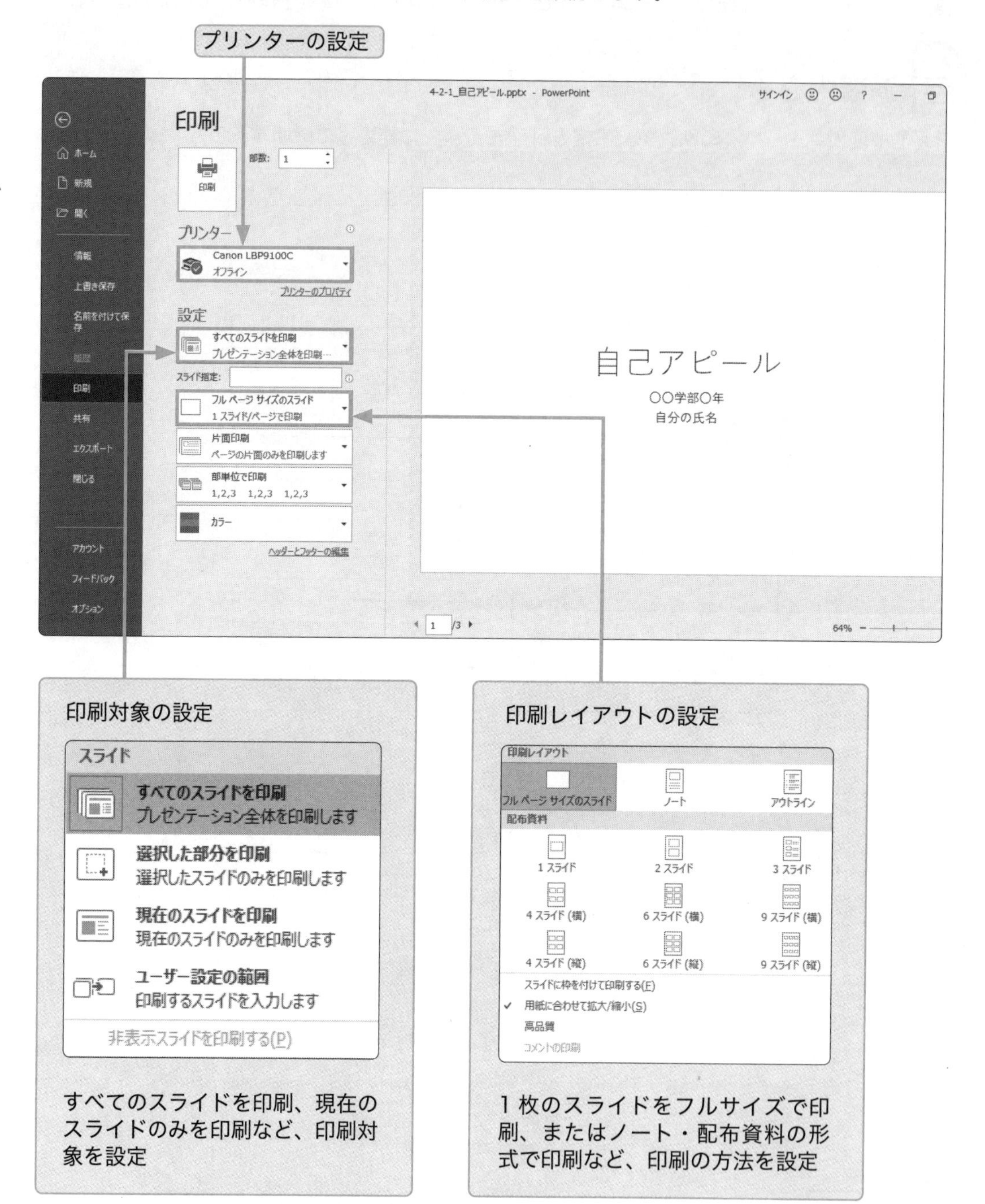

応用演習

1. 配布資料を2スライド、4スライド、6スライドなど、1枚に表示するスライドの数を変えて、どのように印刷されるのか確認すること
2. 用紙を縦、または横にした場合は、どのように印刷されるのか確認すること

演習 4-2-5 プレゼンテーションスライドのデザインを変更しよう

演習 4-2-2 で作成した自己アピールのプレゼンテーションスライドのデザインを変更しましょう。

演習内容

プレゼンテーションスライドのデザインを任意のデザインに変更すること

完成イメージ

ヒント

デザインは、すべてのスライドを同じものに統一したり、スライドごとに変えたりできますが、実際には 2 種類程度のデザインを使用すると、内容の区別がつきます。

PowerPoint は、［デザイン］タブの［テーマ］グループにいろいろなデザインが用意されています。配色やフォントなどを組み合わせたデザインセットのことをテーマといいます。

応用演習

すべてのデザインを統一し、次に 1 枚ずつ変更する方法を確認すること

コラム PowerPointのテンプレート

PowerPoint には、様々なデザインのテンプレートが用意されています。新しいプレゼンテーションを作成するときに、テンプレートを選んでから作成することもできます。またオンラインテンプレートを検索してデザインやテーマをさらに探すこともできます。

演習 4-2-6 プレゼンテーションスライドの配色を変更しよう

演習 4-2-5 でデザインを変更したプレゼンテーションスライドの配色を変更しましょう。

演習内容

任意の配色に変更すること

完成イメージ

ヒント

PowerPoint は、[デザイン] タブの [バリエーション] グループで [配色] セットや [フォント] セットを選んで変更することができます。また自分でカスタマイズした配色やフォントを保存することも可能です。

応用演習

任意のフォントに変更すること

演習 4-2-7 スマートアートを挿入しよう

スマートアート（SmartArt グラフィック）機能を使用すると、グラフィカルに手順や階層を表示することが可能になります。

演習 4-2-6 で配色を変更したプレゼンテーションスライドにスマートアートを挿入してみましょう。

演習内容

任意のスマートアートを挿入して、見やすいスライドを作成すること

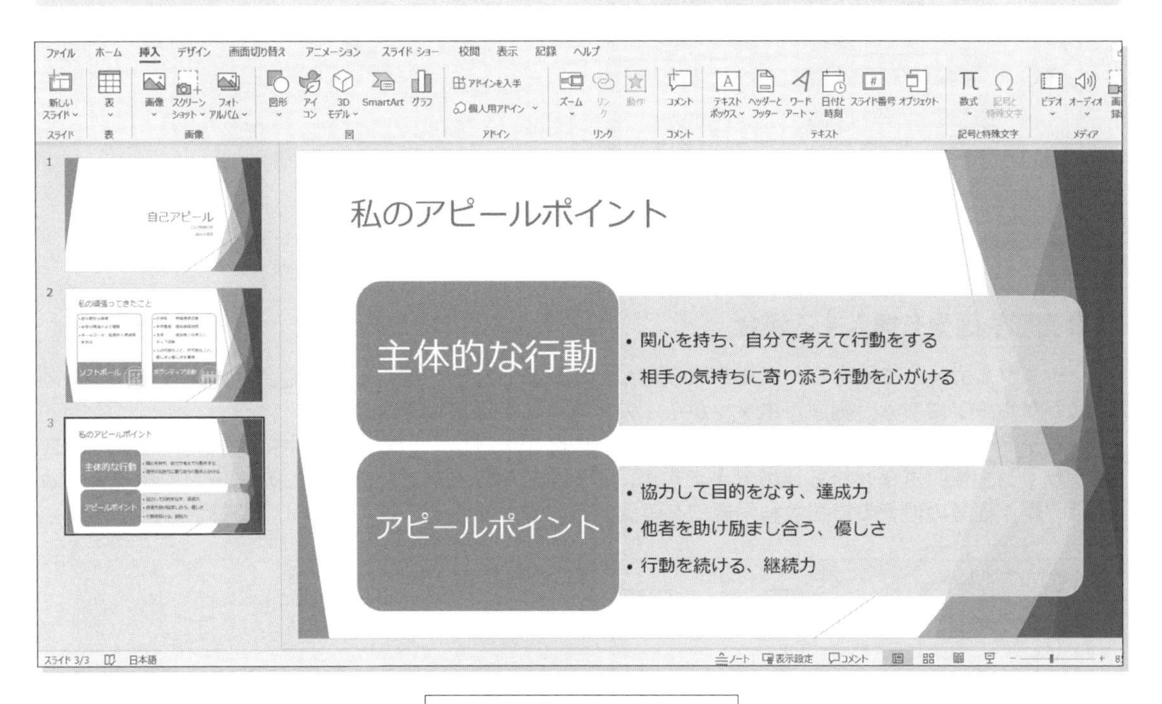

完成イメージ

ヒント

スマートアートとは、図形を組み合わせてリストや手順などをデザインしたもので、文字を挿入してグラフィカルに表現するものです。PowerPoint では、［挿入］タブの［図］グループにある［SmartArt グラフィックの挿入］ボタンから利用できます。

アニメーションでは、文字のほか、挿入した図やコンテンツに設定ができます。スライドの切り替え効果は、画面切り替えの速度や音、切り替えタイミングなどを設定します。

アニメーションや画面切り替えを過度に設定すると、プレゼンテーションの内容に注意が向きにくくなるので、効果的に設定をして内容が注目されるようにしましょう。

コラム 著作権

文章、絵画、音楽、コンピュータプログラムなどは、著作権により著作者の権利が守られています。インターネットで検索した画像など、他から入手した素材を利用する場合は、必ず著作権や利用規約を調べて、利用許諾が得られるかを確認しましょう。

スマートアートや図形・画像の挿入

●スマートアートを挿入する場合

スマートアートは、［挿入］タブの［図］グループから挿入します。［挿入］タブの［図］グループにある［SmartArt グラフィックの挿入］ボタンをクリックします。

また PowerPoint では、箇条書きをスマートアートに変換することができます。［ホーム］タブの［段落］グループにある［SmartArt に変換］ボタンをクリックします。

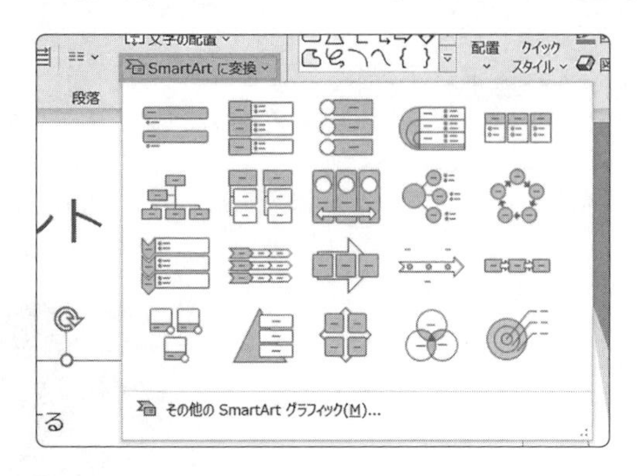

●図形や画像を挿入する場合

デジタルカメラで撮影した写真や取り込んだイラストなどを挿入したい場合は、［挿入］タブの［画像］グループにある［画像］ボタンからこのデバイスを選択し挿入します。

インターネット上にあるイラストや写真などの画像は、［挿入］タブの［画像］グループにある［オンライン画像］ボタンから利用できますが、インターネットなどから入手した画像を利用する場合は、著作権等の他者の権利や利用規約を確認する必要があります。

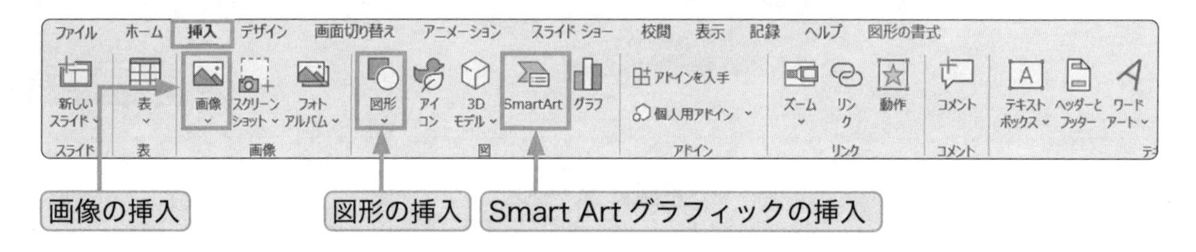

●挿入した図形や画像を編集する

挿入した図形を編集する場合は、図形を選択したときに表示される［図形の書式］タブを利用し、編集します。

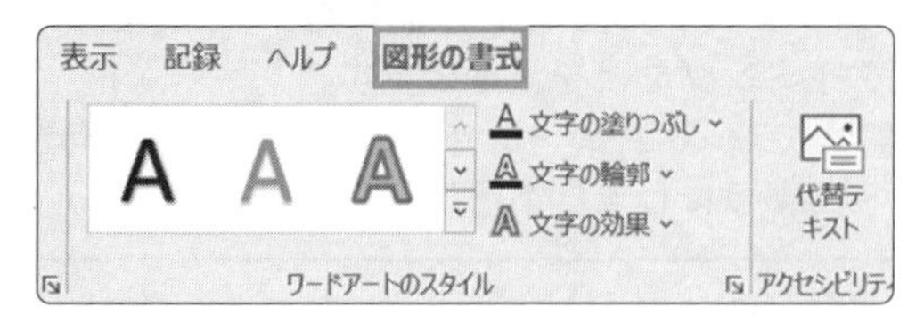

画像を編集する場合は、画像を選択したときに表示される［図の書式］タブを利用し、編集します。

応用演習

1. 任意のアニメーション効果と任意の画面切り替え効果を設定すること
2. 完成したプレゼンテーションのスライドショーを実行すること

4-3 ポスター・展示用データの作成

PowerPoint で作成したスライドは、デザイン性が高くきれいに配置ができます。1 枚のスライドにデザインを作成し、印刷をすればチラシになります。4 枚や 6 枚などの複数のスライドにコンテンツを配置するようにデザインし、印刷したものをつなぎ合わせれば、大きなポスターのようになります。ここでは、チラシやポスターを作成してみます。

演習 4-3-1　展示用のポスターを作成しよう

スライドのデザインを縦のレイアウトで作成し、プリントした 4 枚をつなぎ合わせて、1 枚のポスターにしましょう。

演習内容

1. 印刷の向きを縦とすること
2. 4 枚のスライドに配置したデータを印刷し並べ、プレゼン内容のポスターを作成すること

完成イメージ 1

変える！
目標～

「持続可能な開発目標」
（Sustainable Development Goals）

2015年9月の国連サミットで全会一致で採択
キーワード：「誰一人取り残さない」
目標達成期限：2030年

【特徴】
① 普遍性：すべての国が行動
② 包摂性：誰一人取り残さない
③ 参画型：すべてのステークホルダーが役割を
④ 統合性：統合的に取り組む
⑤ 透明性：定期的にフォローアップ

完成イメージ 2

①国としての実施体制

- 2016年5月 内閣にSDGs推進本部を設置

②実施指針の策定

- 2016年12月 SDGs実施指針を決定

③ステークホルダーとの連携

- SDGs推進円卓会議の設置

④グローバルな実施の支援

- 広範な分野における一層積極的な取組
- 開発途上国の国家戦略や計画等策定支援

完成イメージ 3

SDGsに関連した事業の計画策定状況
(IGESレポートより)

0% 5% 10% 15% 20% 25% 30% 35% 40% 45%

2030年まで
の取組計画がある

長期（5-10年）
の取組計画がある

中期（3-5年）
の取組計画がある

短期（年次、1-2年）
の取組計画がある

わからない

■2016年 ■2017年 ■2018年

完成イメージ 4

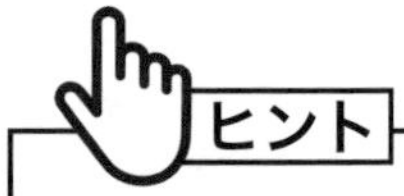

ヒント

PowerPoint ではスライドのサイズを A4 用紙サイズに設定して作成します。用紙を縦に使用する場合は、仕上がりに合わせてスライドの向きを縦に変更します。PowerPoint では、[デザイン] タブの［ユーザー設定］から設定します。

ポスター印刷

● A4 サイズでスライドを作成する場合

1 枚のスライドをそのまま印刷するほかに、複数のスライドを印刷し、余白をのり付けしてつなぎ合わせたものを 1 枚のポスターにすることもできます。[デザイン]タブの[ユーザー設定]グループにある[スライドのサイズ]ボタンをクリックし、[ユーザー設定のスライドのサイズ]を選びます。

応用演習

6 枚のスライドで、1 枚のポスターになるように作成すること

5章

文書作成の応用操作

この章では一歩進んで、少し複雑な文書の作成に挑戦します。履歴書や英文の文書、そして論文形式の文書など、これから実りある大学生活を送るため、自在に作れるようになっておきたいものばかりです。

基本の操作を忘れてしまった人は、第２章に戻って確認すれば問題ないので安心してください。演習を通じて何度も復習を繰り返しながら、しっかりとスキルを定着させていきましょう。

5-1 表や罫線で情報を整理する文書の形式

組織の内部向けに提案する文書を例に、図や表を使用して情報を整理した文書を作成します。文書を作成するときには、いつ、だれが、何を記述したのかが分かるようにします。また、項目ごとに見出しをつけて、相手が内容を把握しやすいようにします。

演習 5-1-1　企画書・提案書を作成しよう

次の文書を入力して、完成イメージのような文書形式に整え、企画書・提案書を作成しましょう。

演習内容

1. 以下のページ設定をすること
   用紙サイズ……………………………A4 判縦
   上下左右余白…………………………30mm
   1 行文字数……………………………40 文字
   1 ページ行数…………………………38 行
   本文のフォント………………………明朝体
   本文の文字サイズ……………………10.5 ポイント

2. 以下の書式設定をすること
   ①日付……………………………………本日の日付を入力し、右に配置する
   ②差出人…………………………………自分の氏名を入力し、右に配置する
   ③表題……………………………………フォント：ゴシック
   　文字サイズ：14 ～ 16 ポイント、下線、中央に配置する
   ④ 1. 2. 3. で始まる項見出し……フォント：ゴシック
   　文字サイズ：11 ポイント
   ⑤詳細……………………………………段落の 1 文字目をインデントする
   ⑥表………………………………………完成例を参考に表を挿入し、セルの結合や罫線の変更をする。セルの結合をする。合計行の上の罫線を二重線にする。金額を右に揃える
   ⑦以上……………………………………右に配置する

3. 完成イメージにあわせ空行を挿入し、読みやすい文書とすること

企画書・提案書

20XX 年 9 月 13 日

サークル代表：自分の氏名

学園祭での模擬店実施企画の提案

来る 11 月に開催される学園祭での模擬店実施について、次のとおり企画し提案します。

1.　提案の趣旨

毎年、当サークルでは「焼きそば」模擬店を実施している。例年、好評であることから今年も引き続き実施することに加え、「たこ焼き」メニューを追加することを提案します。

2.　現状

昨年の実績では、「焼きそば」を調理、販売し、学園祭 2 日間で以下のような状況であった。

販売食数　1 日目　300 食　　2 日目　200 食

売上高	1 日目	@350 円×300 食	105,000 円	
	2 日目	@350 円×180 食	63,000 円	
		@200 円× 20 食	4,000 円	※割引販売
合計（A）			172,000 円	
仕入れ	そば 500 食、肉・野菜		30,000 円	
	鉄板・バーナーレンタル料		40,000 円	
	割りばし・紙皿		15,000 円	
合計（B）			85,000 円	
利益（A-B）			87,000 円	部費に計上

今年度、新入部員が増えており、文化祭に参加できる人数が増えたこと、一方でサークルの活動費が増大したため補填のために、学園祭で少しでも収益を上げておきたい。

3.　今年度模擬店見積

販売メニュー	焼きそば 500 食	たこ焼き 300 食	備考
販売単価	@350 円	@350 円	
材料費	30,000 円	10,000 円	
レンタル料	40,000 円	5,000 円	鉄板のみで可
割りばし・紙皿	15,000 円	9,000 円	
見込み利益	90,000 円	81,000 円	合計 171,000 円
部員要員	10 人	10 人	

以上

完成イメージ

見出しのように同じ書式設定を使う場合は、Word の書式設定をコピーして貼り付ける機能を使用すると、作成時間を短縮できます。

応用演習

関連して、実施計画書や、日程表、アンケート用紙など、他の形式の文書を作成してみること

5-2 印刷レイアウトを意識した文書の形式

表や罫線のほか、図や図形を使って、計画表など情報を整理した文書を作成します。
袋とじや段組みといった印刷形式を利用すると、1枚の用紙を効率的に使用することができます。

演習 5-2-1　計画書を作成しよう

次の文章を入力して、完成イメージのような合宿計画書を作成しましょう。

演習内容

1. 以下のページ設定をすること
   用紙サイズ……………A4 判縦
   上下余白………………20mm
   左右余白………………25mm
   1 行文字数……………36 文字
   1 ページ行数…………48 行
   本文のフォント………明朝体
   本文の文字サイズ……10.5 ポイント

2. 以下の書式設定をすること
①表題……………………デザイン文字（ワードアート）を挿入
②■から始まる見出し…フォント：ゴシック、文字サイズ：11 ポイント
③行頭文字のある行……箇条書きの書式設定、1 ～ 2 文字の字下げ
④図形……………………図形描画で、適切な図形を選択して描画、コピーして並べる。図形の中にテキスト（文字）入力
⑤スケジュール表………4 行 ×4 列の表を挿入して、文字入力
表のフォント：ゴシック、文字サイズ：10 ポイント
表の 1 行目：1 ～ 2 列を結合、セルの縦幅に対して中央に配置、薄い灰色、2 列目と 3 列目の間：二重線、外枠：太い実線
⑥※から始まる行………文字サイズ：9 ポイント。右に揃える
⑦担当者・連絡先………下に太い罫線
⑧図………………………オンライン画像を利用して関連する図を挿入、左下に配置する
⑨ヘッダー………………告知日付を挿入、右に配置

3. 完成イメージにあわせ空行を挿入し、読みやすい文書とすること

20XX/10/21 告知

クリスマス合宿のお知らせ

恒例の「クリスマスゼミ合宿」の要綱が決定しました。
今回のテーマは「情報と伝達力」で、合宿の始めに情報教育コミュニケーション研究所長　永山正敏さまに2時間の講義をいただきます。貴重な機会ですから、ゼミ全員の参加をお願いします。

■要綱

- 日　程：20XX年12月22日（土）～12月24日（月）
- 行き先：蓼科セミナーハウス（Tel:0200-00-9999）
  地図は、URL→　http://www.example.ac.jp/#tateshina　を参照
- 費　用：￥13,500
  （宿泊費、朝・夕食2回、2日目昼食含む。懇親会費・交通費別）

■集合

- *時　刻：8時30分（時間厳守！）遅刻したら自力でくること。*
- *場　所：東京駅八重洲地下「銀の鈴」付近*

■宿泊先情報

会議室完備　　天然温泉　　Ｗｉ－Ｆｉ無料

■スケジュール（予定）

日程		行動予定	食事
1	12／22(土)	東京駅9：00発　長野北陸新幹線「あさま」 佐久平駅10：15着　バス利用 13：30～15：30　講演者と討論会 夕食後：講演内容に関する討議	昼食※1 夕食
2	12／23(日)	9：00～12：00　テーマについて討論 12:00　セミナーハウス特製ランチ 13：30～17：30　討論の続きと結果の発表 夕食後：クリスマスイブイブ会	朝食 昼食 夕食
3	12／24(月)	午前：テーマに関するまとめ、振返り 昼食後：自由行動、バスで駅まで移動 佐久平駅16：30発　「あさま」 東京駅17：45着　自由解散	朝食 昼食※2

※1：初日の昼食は、お弁当を持参してください。(東京駅でも買えます)
※2：最終日の昼食は、近隣のレストランを予定しています。

＜担当者・連絡先＞

幹事：情報学科3年　自分の氏名
会計：情報学科3年　佐藤花子
幹事緊急連絡先：090-0000-0000

完成イメージ

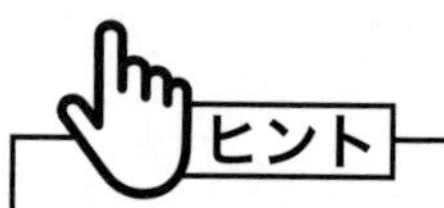

ワードアートの挿入と配置方法は、演習 2-3-3（p.74）を参照してください。

画像を挿入する

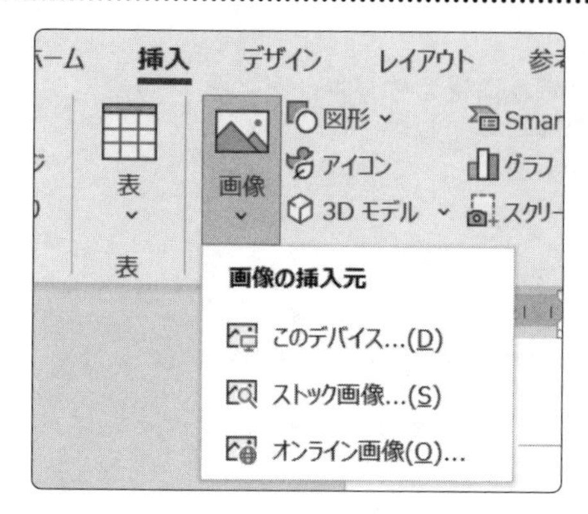

●コンピューターに保存されている画像を挿入する

［このデバイス］ボタンを使用すると、コンピューターや接続しているメディアから画像やイラストを挿入できます。

●インターネット上から画像を検索し挿入する

［ストック画像］ボタンを使用すると、著作権がフリーの画像を挿入できます。
［オンライン画像］ボタンを使用すると、インターネット上にあるイラストや画像を検索し挿入できますが、使用する際には著作権を侵害しないように利用の可否を確認する必要があります。

応用演習

1. 印刷イメージを確認して、1 枚の用紙に収まっていることを確認すること
2. 自身に関わる事例から、旅行や合宿の計画表、申請書などを作成してみること

コラム　ページ設定

1 行の文字数や 1 ページの行数などの「ページ設定」は、設定を変更すると行数が指定した半分になったり行間が広がってしまったりと、思った通りの設定にならない場合があります。

Microsoft Office2016 以降、規定のフォントが MS 明朝・MS ゴシックから、游明朝・游ゴシックに変わりました。行間の設定が異なる場合がありますので、調整してください。

游明朝フォントの場合は、文字サイズを変更すると行間が大きく広がってしまう設定になっています。修正するには［ホーム］タブの［段落］ダイアログボックスを開き、［1 ページの行数を指定時に文字を行グリッド線に合わせる］のチェックを外しておくと良いでしょう。

簡単に元に戻すには、本文のフォントを MS 明朝に変更してから、「ページ設定」を変更しましょう。お気に入りのフォントを利用したい場合は、行間の設定値を変更してみましょう。

演習 5-2-2 履歴書を作成しよう

次の文章を入力し、袋とじの印刷形式を設定して完成イメージのような履歴書の形式を作成しましょう。

演習内容

1. 以下のページ設定をすること

用紙サイズ……………B4 判横
上下余白………………20mm
内側余白………………15mm
外側余白………………25mm
1 行文字数……………40 文字
1 ページ行数…………36 行
本文のフォント………明朝体
本文の文字サイズ……10.5 ポイント
印刷の形式……………袋とじ

2. 以下の書式設定をすること

①基本情報……………罫線機能を利用して、枠と区切りを実線で作成して入力。氏名にはフリガナを付ける
②写真を貼る場所……図形を挿入し、枠を作成
③学歴・職歴…………10 行× 2 列の表を挿入して入力。行数が足りない場合は、行を挿入して追加する
④右ページ……………提出先に合わせて必要事項を作成（業務経歴、教育歴、得意科目、資格・免許、趣味、志望動機など項目ごとに、罫線で囲む）
⑤家族…………………必要な場合に、5 行× 4 列の表を挿入して入力

完成イメージ

令和　　年　　月　　日

履　歴　書

写真

氏名（フリガナ）：　　　　　　　　　　性別（　　）　印

生年月日	年　　月　　日生まれ（満　　才）		
現住所	（〒　　－　　　）		
連絡先（電話）		携帯	
自宅		本籍	

学歴・職歴

	学歴・職歴
	＜学歴＞
年　3月	□□県立○○高等学校卒業
年　4月	△△△△大学　経済学部　入学
	＜職歴＞
	なし

賞罰：なし

ヒント

「袋とじ」は、1枚の用紙を2ページ（半分の大きさ）に区切って印刷する方法です。Word文書としては1ページずつ編集をします。

「段組み」は1枚の用紙を1ページとして扱い、段に区切ってレイアウトする方法です。

「見開き」は、左右対称に余白やヘッダー / フッターを設定して、本のようにレイアウトする方法です。

令和　　年　　月　　日

資格・免許

普通自動車運転免許
中学校１級社会、高校１級公民・情報教員
情報セキュリティマネジメント
IT パスポート

業務経歴など

志望の動機

家族

氏名	関係	年齢	備考

以上

応用演習

枠を完成させたら、実際に各自の履歴書を作成してみること
（ただし、個人情報に関しては、各自が公開できるところまでとする）

5-3 論文の形式

論文や操作説明書、テキストなど、複数ページの文書を作成するときは、先に何をどういう順番で記述するか構成を考え、最後に目次を付けて仕上げます。ここでは、論文形式の文書を作成します。

演習 5-3-1 論文形式の文書を作成しよう

次の文章を入力して、完成イメージのような論文形式の文書にしましょう。

演習内容

1. 以下のページ設定をすること
   用紙サイズ……………A4 判縦
   上下左右余白…………25mm
   1 行文字数……………42 文字
   1 ページ行数…………40 行
   本文のフォント………明朝体
   本文の文字サイズ……10.5 ポイント

2. 以下の書式設定をすること
   ① 題名（大見出し）……フォント：ゴシック、文字サイズ：16 ポイント、中央に配置
   ② 所属・氏名……………文字サイズ：11 ポイント、中央に配置
   ③ 論文要旨………………左右インデント：4 文字（1 行 38 文字）
   ④ 本文……………………段組：2 段、段の幅：19 文字、間隔：4 文字
   ⑤ 章（大見出し）………フォント：ゴシック、文字サイズ：12 ポイント
   アウトラインレベル：1
   ⑥ 節（中見出し）………フォント：ゴシック、文字サイズ：11 ポイント、太字
   アウトラインレベル：2
   ⑦ 項（小見出し）………フォント：ゴシック、文字サイズ：10.5 ポイント
   アウトラインレベル：3

3. 目次を挿入してみること

アウトラインを使った論文形式

佐藤花子（若木大学）

論文要旨

ここでは、論文の内容を指定された文字数・行数で分かりやすく記述します。この論文によって何を調べたいのか、何を知りたいのか、そして何を言いたいのか、きちんと書きましょう。誰もが、読んでみたくなるような、それでいて、論文を探している人には伝わるような、そんな書き方ができると、なお良いです。

目次

はじめに

なぜ、この論文を書くことにしたのか、このテーマに興味を持った理由は何かを書きます。

第１章　調査概要

１．何を調査したのか

２．どうやって調査したのか

第２章　調査結果

１．調査内容（A）

調査した内容と結果は、表やグラフにまとめます。また、同じレベルの調査をした場合は、その下の見出しの構成は同じにします。

２．調査内容（B）

３．調査内容（C）

第３章　分類と分析

１．結果の分類

２．分類した内容の分析

第４章　結論

分類と分析から、どのような結論を導き出したのか記述します。また、予測や予想と一致しているか、乖離しているかについても書きます。

考察

結論から、どう感じたのか、なぜ予想と外れたのか、今後どのように調査を続けたいのかなどについてまとめます。

完成イメージ

段組みを設定する

文字列を複数の段に分割することを段組みといいます。段組みを設定するには、［レイアウト］タブの［ページ設定］グループにある［段組み］ボタンをクリックします。［段組みの詳細設定］を選択すると、詳細な設定をすることができます。

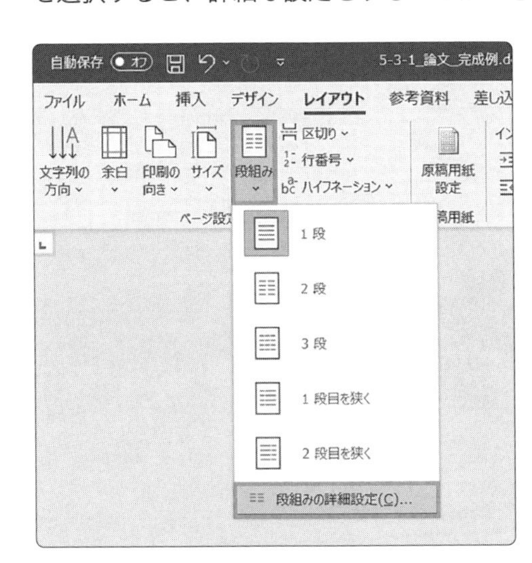

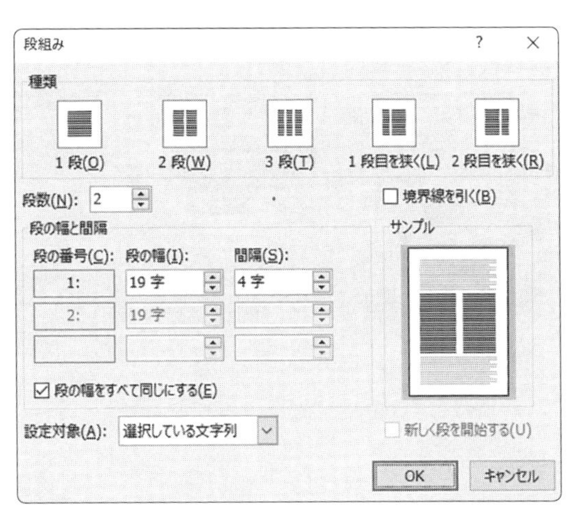

論文やレポートなど、ページ数の多い文書の構成を確認したり、変更したりする場合は、文章に階層構造を持たせることで、文章の管理がしやすくなります。見出しの階層は章・節・項の３段階ぐらいが適当です。

見出し（スタイル）を設定する

見出し機能を使うことで、階層構造の管理や目次の作成などが簡単になります。

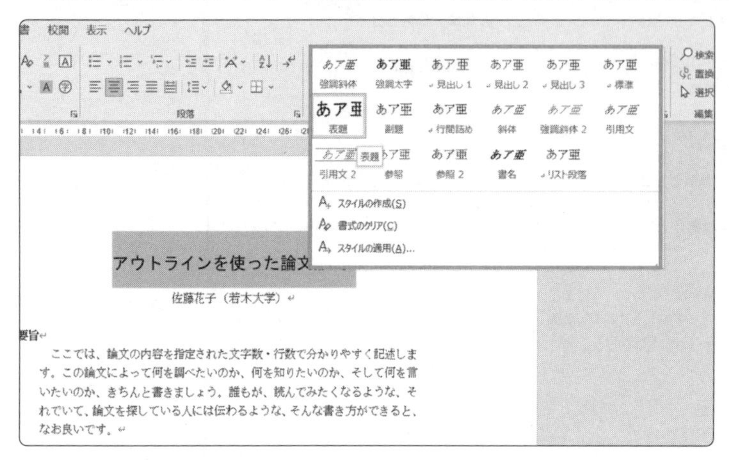

1. 設定する行にカーソルを移動
2. ［ホーム］タブの［スタイル］グループの任意のスタイルをクリック

●スタイルとは

フォントやフォントサイズ、下線などの複数の書式をまとめて登録し、名前を付けたものです。文字や段落にスタイルを適用すると、複数の書式を効率よく設定できます。

アウトライン表示

文章をアウトライン形式で表示するには、［表示］タブの［アウトライン］ボタンをクリックします。アウトラインで折りたたむと、次のように表示されます。

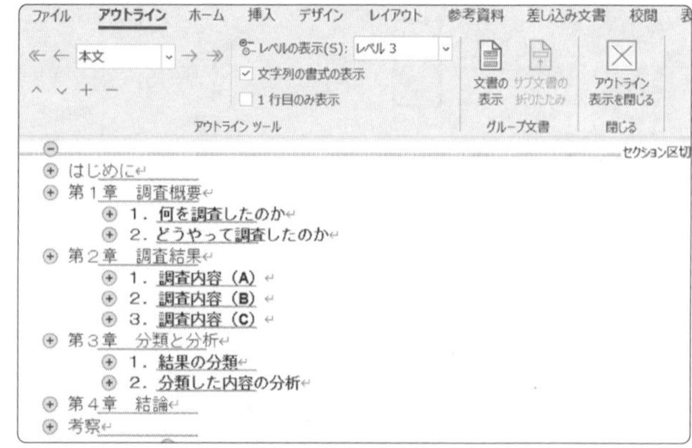

目次の機能

見出しの機能が設定されている項目を抜き出して目次作成が可能です。
Word では、アウトラインレベルが指定されたスタイルを設定することで、目次を自動作成できます。

1. 目次を作成する位置にカーソルを移動
2. ［参考資料］タブの［目次］グループの［目次］にある［ユーザー設定の目次］をクリック

3. ［ページ番号を表示する］、［ページ番号を右揃えにする］のチェックをオン
4. ［書式］と［アウトラインレベル］を設定
5. ［OK］ボタンをクリック

文章校正

Word では、句読点の不統一、送り仮名の不統一、助詞の使い方の間違い、入力ミス、スペルミスなど基本的な間違いを見つけることができます。論文を提出する前、作成した文書を印刷する前に、一度校閲機能を利用して確認をしましょう。［校閲］タブの［文章校正］グループにある［スペルチェックと文章校正］ボタンから機能を利用できます。

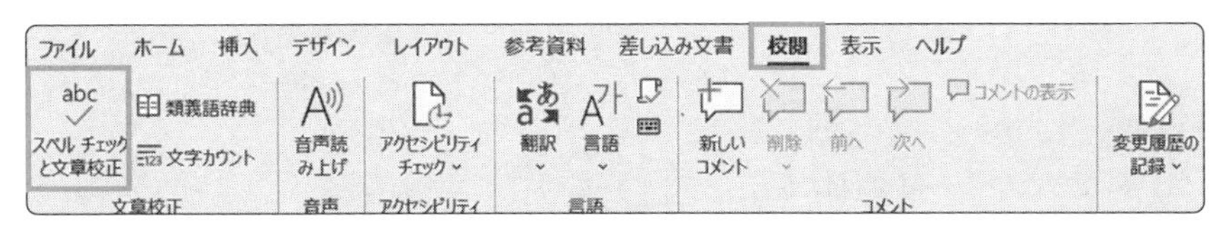

●スペルチェックと文章校正

表記ゆれがある場合は、自動的にチェックされます。例えば、「インターネット」(全角)と「ｲﾝﾀｰﾈｯﾄ」(半角)、「ウイルス」と「ウィルス」などです。青色の二重線が表示されます。

1. [校閲]タブの[文章校正]グループにある[スペルチェックと文章校正]をクリック
2. 表示された[文章校正]の[修正候補]の一覧から修正候補を選択し、修正する
3. 次に[表記ゆれチェック]の[対象となる表記の一覧]に表記ゆれのある文字列が表示される
4. [修正候補]の一覧から正しい文字列を選択し、[すべて修正]をクリック

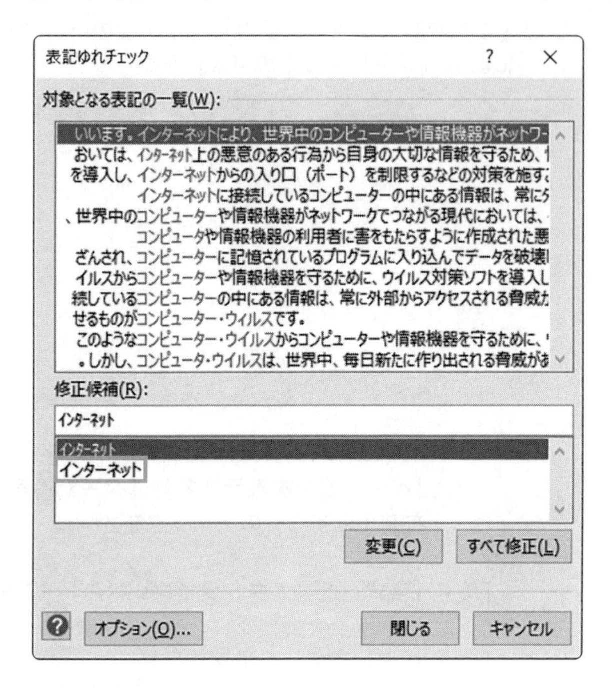

●自動文章校正

文法が間違っている可能性のある箇所が、自動的にチェックされ青色の二重線で表示される機能です。

例)されてます → されています(い抜きを修正)

1. 青色の二重線が表示されている文字列上を右クリック
   ※青色の二重線上であればどこでも構わない
2. 修正方法を選択しクリック

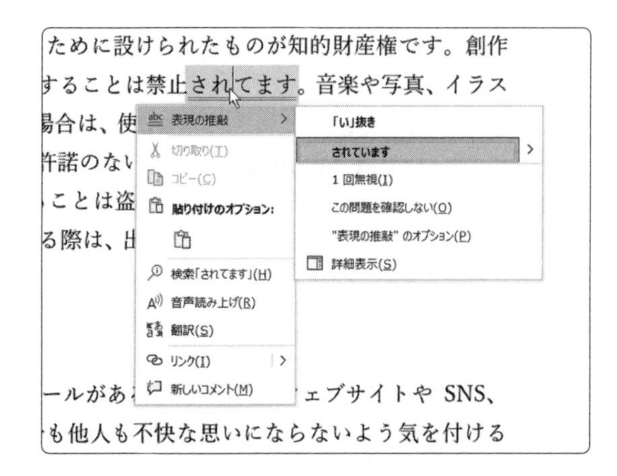

袋とじと見開き印刷

Word では、ページ設定に「奇数 / 偶数ページ別指定」という機能があります。ヘッダーとフッターを振り分けて指定することで、袋とじや見開きの印刷時には、ヘッダーを一方には表示させない、ページ番号の位置を端に寄せるなどの個別の設定ができます。

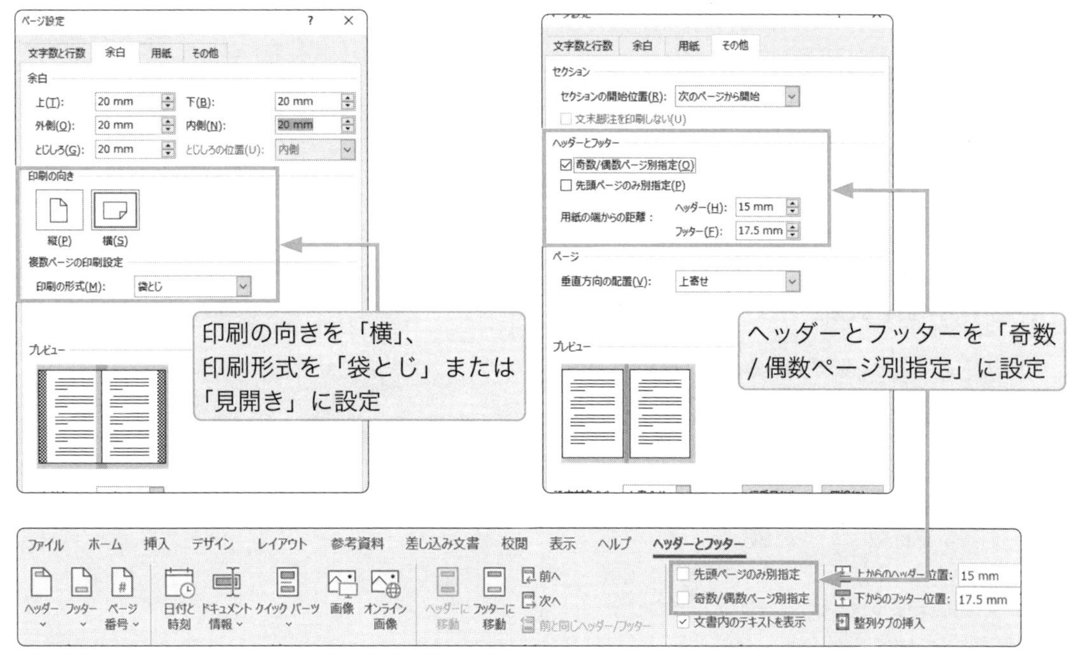

ヒント

袋とじは、指定したサイズの用紙 1 枚に 2 ページを印刷するように設定します。標準で 1 ページずつ作成し、プリンターで印刷するときに、割り付け指定をするものとは異なります。

見開きは、両面印刷したときに、とじしろや余白の位置が合うようにする指定です。

応用演習

1. 章・節・項の見出しを含む本文を追加し、ページ数を増やした後に目次を更新すること
2. 文章の校閲機能を実行して、不統一や間違いなどを修正してみること
3. 文末に脚注を挿入してみること
4. 実際に自分の論文設定をしてみること

コラム　論文の作法

論文やレポートの形式は、提出する先によって作法（書き方）があり異なります。授業時では先生の指示、期末レポートや論文は学部などの統一形式、学術研究会などでは分野ごとの作法に従って作成してください。

※ Office アップデートを適用後や、Office2021 および Microsoft365 のバージョンでは、［スペルチェックと文章校正］ボタンは［エディター］ボタンとなりますが、機能には変わりがありません。

5-4 その他の形式　縦書き、英文

ワープロソフトでは、横書きだけではなく、縦書きの文章も入力ができます。また、日本語だけでなく、外国語の授業や留学などで、他言語での文書作成が必要なときにもワープロは使用できます。

演習 5-4-1 英文の文書を作成しよう

ここでは、英文で履歴書を作成してみます。
次の文章を入力して、完成イメージのような英文の文書を作成しましょう。

演習内容

1. 以下のページ設定をすること
   用紙サイズ……………レターサイズ縦
   上下余白………………25mm
   左右余白………………30mm
   1 行文字数……………40 文字
   1 ページ行数…………36 行
   本文のフォント………Century
   本文の文字サイズ……10.5 ポイント

2. 以下の書式設定をすること
   ①タイトル……………文字サイズ：12 ポイント、中央に配置する
   ②個人情報……………中央に配置する
   ③区切り………………適当な罫線を設定する
   ④□のついた見出し…文字サイズ：11 ポイント、太字

RESUME

{ Your Name }

9-9-99 Wakagi, Shibuya-ku, Tokyo 150-0000

Phone: (+813)9999-0000, Cell Phone: (090)999-999

E-mail: { your E-mail Address }

I hope for entering a company as post of business to your company. I do my best for nature and spirit. Please employ me by all means.

□ EDUCATION

{ JAPAN Wakagi University Department of Economics }

attendance at school Apr.2022 − Present

{ JAPAN High School, Tokyo } Apr.2019 − Mar.2022

□ COMPUTER SKILLS

Word Processor, Spread Sheet

□ QUALIFICATIONS

—Grade 2 in the PC Certified

□ PERSONAL INFORMATION

Age:	22
Date of Birth:	May 1, 2000
Citizenship:	Japan
Marital Status:	Single
Hobbies:	
State of Health:	Excellent

完成イメージ

英文の履歴書は、生年月日や年齢、既婚・未婚といった個人情報は、最後に記述します。また性別がありませんが、必要なら入力します。日本語の文書より、書式は少なく、簡素なイメージになります。

応用演習

網掛けの部分は、各自の内容を入力すること
(ただし、個人情報に関しては、各自が公開できるところまでとする)

演習 5-4-2 縦書きの文書を作成しよう

案内状や挨拶状など、手紙形式で発送するものは、一般的に縦書きにします。ここでは、ハガキサイズの案内状、便箋の挨拶状を作成してみます。

次の文章を入力して、完成イメージのような縦書きの文書を作成しましょう。

演習内容

手紙

1. 以下のページ設定をすること
   - 用紙サイズ………………A5 判横
   - 上下左右余白……………15mm
   - 1 行文字数………………28 文字
   - 1 ページ行数……………30 行
   - 本文のフォント…………明朝体
   - 本文の文字サイズ………10 ポイント
   - 文字列方向………………縦書き

2. 以下の書式設定をすること
   - ①会社名・肩書き…………文字サイズ：11 ポイント、下に配置
   - ②氏名………………………文字サイズ：12 ポイント、下に配置
   - ③役員一覧…………………文字サイズ：11 ポイント、インデント：4 字、行間：1.5 行

拝啓　時下ますますご清祥の段、お慶び申し上げます。
平素は格別のご高配を賜り、厚くお礼申し上げます。
さて、去る六月二十五日開催の定時株主総会におきまして役員が選任され、それぞれ就任いたしました。
つきましては、新しい陣営のもと、これまで以上に社業の発展に全力を尽くす所存でございます。
何卒、ご高承のうえ、今後とも変わらぬご支援ご鞭撻を賜りますよう謹んでお願い申し上げます。
まずは略儀ながら書中をもちましてご挨拶申し上げます。

敬具

令和五年六月吉日

株式会社　ストーンリバー
代表取締役　石川　真

記

代表取締役　石川　真
取締役　清水　徹夫（留任）
取締役　内山　陽一（留任）
取締役　中井　小枝（新任）
取締役　田中　洋（新任）
監査役　斉藤　恵見（社外）

以上

完成イメージ（手紙）

演習内容

ハガキ

1. 以下のページ設定をすること
   用紙サイズ………………ハガキ縦
   上下左右余白……………8mm
   1行文字数………………30文字
   1ページ行数……………15行
   本文のフォント…………明朝体
   本文の文字サイズ………10ポイント
   文字列方向………………縦書き

2. 以下の書式設定をすること
   問い合わせ先……文字サイズ：8ポイント、インデント：2字

謹啓　残暑の候　ますますご清祥のこととお慶び申し上げます。
　本年は、本学の開学百周年にあたります。この節目を迎えて、パイオニアスピリッツイベントを実施することとしました。
　このイベントの一環として、左記により講演会を開催いたします。
ご多用のところ、恐縮ですがご来場いただきたくご案内申し上げます。
謹白

記

一　日　時　　令和五年十月九日（月）午後二時～五時
二　場　所　　記念公会堂（若木タワー二十階）
三　テーマ　　女性のチャレンジスピリッツ
四　講　師　　高橋　尚子（女性初のシステムエンジニア）

以上

本状に関するお問い合わせ先
本大学　庶務課（担当　佐藤）電話　〇三－九九九九－〇〇〇〇

完成イメージ（ハガキ）

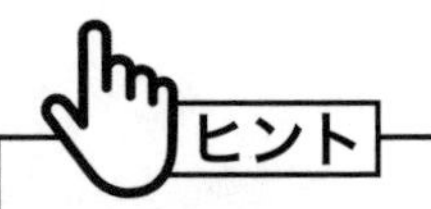

縦書きでは、文字間を詰めて、行間をあけると読みやすくなります。

A5 判横はハガキの 2 倍の大きさで、半分に折った状態で封筒に入れて発送する形式です。

プリンタの印刷能力によっては、余白が 8mm 以下では印刷されない場合があります。その場合は、プリンタの最小値に合わせます。

ハガキのフチなし印刷機能は、実際のサイズよりもやや拡大して印刷する機能です。あまり用紙の境界線の近くまで文章を配置しないように注意します。

応用演習

さまざまな例を想定して、作成をしてみること

・就職、転職、引っ越しなどのお知らせ

・学園祭、発表会、シンポジウムなどのイベント案内

・会社などの社長交代、開店、移転、組織変更など

6章

表計算の応用操作

この章では一歩進んで、少し複雑な表計算の処理機能に挑戦します。新しく扱う関数やグラフは難しく感じるかもしれませんが、使いこなせるようになればデータを分析したり、評価したり、可視化する方法の幅を確実に広げてくれることでしょう。

基本の操作を忘れてしまった人は、第３章に戻って確認すれば問題ないので安心してください。最後の節ではWordとの連携操作についても扱うので、不安な人は必要に応じて２章も読みなおすことをおすすめします。演習を通じて何度も復習を繰り返しながら、しっかりとスキルを定着させていきましょう。

6-1 応用の関数

第３章の基本の関数のほかにも、よく利用する関数がたくさんあります。ここでは、データサイエンスにつながるデータの処理や分析、集計など、さまざまな関数について演習を行います。

演習 6-1-1 条件にあうデータを取り出そう

VLOOKUP 関数を使って、「すし　単価一覧」の任意の「商品番号」に該当する「分類、品名、単価」が表示される表を作成しましょう。

演習内容

商品番号を入力すると、分類、品名、単価が表示され、個数から金額が計算されるようにすること

① すし単価一覧…データ範囲（見出し部分も含む）は A2 から E26
② 商品番号………任意の番号を入力する
③ 分類……………VLOOKUP 関数を使って求め、②の商品番号に該当する分類を表示する
④ 品名……………VLOOKUP 関数を使って求め、②の商品番号に該当する品名を表示する
⑤ 単価……………VLOOKUP 関数を使って求め、②の商品番号に該当する単価を表示する
⑥ 個数……………任意の数字を入力する
⑦ 金額……………「単価」と「個数」の掛け算の式を入力し、表示形式を通貨（¥）に設定する

入力内容

	A	B	C	D	E	F	G	H	I	J	K	L
1	すし　単価一覧											
2	商品番号	分類	品名	単価	わさび		商品番号	分類	品名	単価	個数	金額
3	1	のりまき	かっぱ	100	あり							
4	2	のりまき	鉄火	150	あり							
5	3	のりまき	かんぴょう	100	なし							
6	4	のりまき	なっとう	120	なし							
7	5	のりまき	お新香	100	なし							
8	6	のりまき	梅	120	なし							
9	7	にぎり	大トロ	500	あり							
10	8	にぎり	トロ	400	あり							
11	9	にぎり	赤身	300	あり							
12	10	にぎり	たい	460	あり							
13	11	にぎり	ひらめ	360	あり							
14	12	にぎり	あじ	200	あり							
15	13	にぎり	いか	200	あり							
16	14	にぎり	エビ	240	あり							
17	15	にぎり	たこ	240	あり							
18	16	にぎり	みる貝	300	あり							
19	17	にぎり	赤貝	240	あり							
20	18	にぎり	あなご	360	なし							
21	19	にぎり	玉子	180	なし							
22	20	にぎり	いくら	360	なし							
23	21	にぎり	うに	500	なし							
24	22	ちらし	松ちらし	1200	あり							
25	23	ちらし	竹ちらし	1000	あり							
26	24	ちらし	梅ちらし	900	あり							
27												

	A	B	C	D	E
1	すし 単価一覧				
2	商品番号	分類	品名	単価	わさび
3	1	のりまき	かっぱ	¥100	あり
4	2	のりまき	鉄火	¥150	あり
5	3	のりまき	かんぴょう	¥100	なし
6	4	のりまき	なっとう	¥120	なし
7	5	のりまき	お新香	¥100	なし
8	6	のりまき	梅	¥120	なし
9	7	にぎり	大トロ	¥500	あり
10	8	にぎり	トロ	¥400	あり
11	9	にぎり	赤身	¥300	あり
12	10	にぎり	たい	¥460	あり
13	11	にぎり	ひらめ	¥360	あり
14	12	にぎり	あじ	¥200	あり
15	13	にぎり	いか	¥200	あり
16	14	にぎり	エビ	¥240	あり
17	15	にぎり	たこ	¥240	あり
18	16	にぎり	みる貝	¥300	あり
19	17	にぎり	赤貝	¥240	あり
20	18	にぎり	あなご	¥360	なし
21	19	にぎり	玉子	¥180	なし
22	20	にぎり	いくら	¥360	なし
23	21	にぎり	うに	¥500	なし
24	22	ちらし	松ちらし	¥1,200	あり
25	23	ちらし	竹ちらし	¥1,000	あり
26	24	ちらし	梅ちらし	¥900	あり
27			①		

	G	H	I	J	K	L
2	商品番号	分類	品名	単価	個数	金額
3	21	にぎり	うに	¥500	17	¥8,500
4	②	③	④	⑤	⑥	⑦

完成イメージ

ヒント

VLOOKUP 関数の書式は、=VLOOKUP(検索値 , 範囲 , 列番号 , 検索の型）です。「範囲」で指定したテーブルの左端の列の値が「検索値」に合致した場合、指定した列番号（左からの列目）の値を返します。「検索値」は、「範囲」内で検索する値です。「範囲」で指定したテーブルの一番左の列を検索対象とし、昇順に並んでいる必要があります。「列番号」は、範囲の左端を 1 とし、表示させたいデータ列の番号を指定します。「検索の型」は、TRUE または FALSE で指定します。TRUE の場合は一致または近似値が検索されます。FALSE は一致する値だけを検索し、一致する値がない場合は #N/A と表示します。

HLOOKUP関数は、VLOOKUP関数と似ていますが、検索する方向が、列方向になります。HLOOKUP関数の書式は、=HLOOKUP(検索値,範囲,行番号,検索の型）です。VLOOKUP関数は検索対象が左端の列ですが、HLOOKUP関数は最上行になります。HLOOKUP関数は、データテーブルの行列がVLOOKUP関数とは入れ替わったものになります。

応用演習

HLOOKUP 関数を使って表示を確認すること
「分類」に設定した VLOOKUP 関数が、縦方向にコピーできるよう、セルの指定を工夫すること

演習 6-1-2 条件にあうセルの値を合計しよう

SUMIF 関数を使って、「ロボットコンテスト成績表」から、条件に合致するセルの値を集計しましょう。

演習内容

SUMIF 関数を使って、それぞれ合計を求めること
① G3 に課題名に対するミッション成功数を求め、G5 までコピーする
② G9 にチーム名ごとのスコア合計を求め、G17 までコピーする

入力内容

	A	B	C	D	E	F	G	H
1	ロボットコンテスト成績表							
2	チーム名	課題名	ミッション成功数	スコア		課題別ミッション成功数の合計	①	
3	倉敷市民ロボットクラブ	C	9	135		A		
4	ロボコンキッズ2020	C	7	105		B		
5	幕張ロボット研究会	B	8	120		C		
6	横浜ロボコンズ	B	6	90				
7	倉敷市民ロボットクラブ	A	4	60				
8	横浜ロボコンズ	C	2	30		チーム別スコア合計	②	
9	ロボットクラブ八王子	A	2	30		横浜ロボコンズ		
10	ポイントゲッターズ	A	3	45		ロボットクラブ八王子		
11	北九州ロボット会	A	4	60		北九州ロボット会		
12	若木大学ロボコン部	C	8	120		倉敷市民ロボットクラブ		
13	幕張ロボット研究会	C	0	0		若木大学ロボコン部		
14	ポイントゲッターズ	C	3	45		幕張ロボット研究会		
15	若木大学ロボコン部	A	4	60		ポイントゲッターズ		
16	ボードブリッジクラブ	A	4	60		ボードブリッジクラブ		
17	若木大学ロボコン部	B	0	0		ロボコンキッズ2020		
18	ボードブリッジクラブ	B	9	135				
19	ロボットクラブ八王子	B	9	135				
20	倉敷市民ロボットクラブ	B	7	105				
21	北九州ロボット会	C	4	60				
22	横浜ロボコンズ	A	8	120				
23	ロボコンキッズ2020	B	0	0				
24	北九州ロボット会	B	3	45				
25	ロボットクラブ八王子	C	4	60				
26	幕張ロボット研究会	A	4	60				
27	ボードブリッジクラブ	C	0	0				
28	ロボコンキッズ2020	A	7	105				
29	ポイントゲッターズ	B	9	135				

課題別ミッション成功数の合計	
A	40
B	51
C	37

チーム別スコア合計	
横浜ロボコンズ	240
ロボットクラブ八王子	225
北九州ロボット会	165
倉敷市民ロボットクラブ	300
若木大学ロボコン部	180
幕張ロボット研究会	180
ポイントゲッターズ	225
ボードブリッジクラブ	195
ロボコンキッズ2020	210

完成イメージ

SUMIF 関数の書式は、=SUMIF（検索する範囲 , 条件 , 合計する範囲）です。「検索する範囲」の中から「条件」に合致するデータを検索し、「合計する範囲」の中から条件にあったデータの値を合計します。

応用演習

チーム別のミッション成功数を求めること

演習 6-1-3 文字列の文字数を取得しよう

LEN 関数を使って、洋菓子のアンケート結果からコメントの文字数を取得しましょう。

演習内容

LEN 関数を使って、コメント欄の右列に文字数を求めること
① E2 に「文字数」と入力し、E3 に文字数を求める
② 文字列に、半角文字が含まれる場合、全角の文字との違いを確認する

入力内容

	A	B	C	D
1	洋菓子アンケート　コメント一覧			
2	No.	対象者	評価	コメント
3	1	30代女性	3.6	中に入っているフルーツが大きくて味も最高でした。
4	2	20代男性	3.5	手土産にいつも使ってます。たいへんおいしく、評判も良いです。
5	3	20代男性	4.2	こちらのプリンは濃厚でミルクの風味がとてもおいしいです。
6	4	20代女性	3.5	小ぶりでしたが、ﾌﾙｰﾂがｱﾝﾊﾞﾗﾝｽなほど乗ってﾌﾙｰﾂ好きにはたまりません。
7	5	30代女性	4.0	いただいたプリンがおいしかったので買いに。昔懐かしいほろ苦いカラメル入りで最高！
8	6	20代女性	3.5	夏にピッタリ。フルーツの味がゼリーに染みてとても美味しいです.
9	7	40代女性	3.8	甘すぎずコクがあって、季節のケーキは、いつも楽しみです。
10	8	40代女性	3.9	甘すぎないプリンなので、たっぷりだけど、飽きずに食べれます。
11	9	50代男性	4.5	女性陣にお渡しするのに購入しました。品の良いものをと考えて選ばせていただきました。
12	10	30代女性	4.2	生クリームが甘すぎず、丁度良い感じ。デコレーションもシンプルで可愛いです。

D	E
コメント ②	文字数 ①
中に入っているフルーツが大きくて味も最高でした。	24
手土産にいつも使ってます。たいへんおいしく、評判も良いです。	30
こちらのプリンは濃厚でミルクの風味がとてもおいしいです。	28
小ぶりでしたが、ﾌﾙｰﾂがｱﾝﾊﾞﾗﾝｽなほど乗ってﾌﾙｰﾂ好きにはたまりません。	41
いただいたプリンがおいしかったので買いに。昔懐かしいほろ苦いカラメル入りで最高！	40
夏にピッタリ。フルーツの味がゼリーに染みてとても美味しいです.	31
甘すぎずコクがあって、季節のケーキは、いつも楽しみです。	28
甘すぎないプリンなので、たっぷりだけど、飽きずに食べれます。	30
女性陣にお渡しするのに購入しました。品の良いものをと考えて選ばせていただきました。	41
生クリームが甘すぎず、丁度良い感じ。デコレーションもシンプルで可愛いです。	37

完成イメージ

LEN 関数の書式は「＝ LEN（文字列）」です。文字列で指定したものの文字数を返す関数です。半角全角の区別なく 1 文字を 1 として計算します。

LEN 関数は、他の関数と組み合わせてよく使用されます。入力された文字数が一定条件以上であるかの判定は、IF 関数と組み合わせます。

IF 関数の論理式に LEN（文字列）>=30 と指定すると、文字列が 30 文字以上かを判定できます。

応用演習

E 列の式を修正し、30 文字以上のコメントは、E 列に〇を表示すること
IF 関数と組み合わせ、論理式に LEN 関数で文字数を求め判定する

演習 6-1-4 文字列の一部を取り出そう

LEFT 関数を使って演習 6-1-3 の洋菓子アンケートを使用し、文字列の一部を取り出しましょう。

演習内容

LEFT 関数および RIGHT 関数を使って、年代とコメントを取り出すこと
① 対象年代…………年代は、対象者から LEFT 関数を使って表示する
② 末尾 20 文字……RIGHT 関数を使ってコメントの末尾 20 文字を表示する

14	洋菓子アンケート　コメント抜粋			
15	No.	対象年代	評価	末尾20文字
16	1	30代	3.6	ているフルーツが大きくて味も最高でした。
17	2	20代	3.5	ます。たいへんおいしく、評判も良いです。
18	3	20代	4.2	濃厚でミルクの風味がとてもおいしいです。
19	4	20代	3.5	ほど乗ってﾌﾙｰﾂ好きにはたまりません。
20	5	30代	4.0	。昔懐かしいほろ苦いカラメル入りで最高！
21	6	20代	3.5	の味がゼリーに染みてとても美味しいです.
22	7	40代	3.8	って、季節のケーキは、いつも楽しみです。
23	8	40代	3.9	で、たっぷりだけど、飽きずに食べれます。
24	9	50代	4.5	いものをと考えて選ばせていただきました。
25	10	30代	4.2	。デコレーションもシンプルで可愛いです。
26				

完成イメージ

LEFT関数の書式は、＝LEFT（文字列,文字数）、RIGHT関数の書式は、＝RIGHT（文字列,文字数）です。LEFT関数は文字列の左から、RIGHT関数は右から、指定の文字数分の文字を取り出す関数です。LEFT関数、RIGHT関数は、引数でそれぞれ左、右から何文字まで表示するかを指定します。文字列操作にはほかに、指定位置から指定文字数を取りだすMID関数などがあります。

式で、文字列と文字列を続けて表示するには、＆を使用して接続します。例えば、式の途中に「・・・」という文字列を表示させるには、式に続けて、&"・・・"&と入力します。

="あいう"&"・・・"&"けくこ"

↓

あいう・・・けくこ

6

表計算の応用操作

応用演習

演習内容の②の式を編集し、コメントの先頭10文字と、末尾10文字を表示すること

先頭10文字・・・末尾10文字：式を編集し、コメントの先頭10文字を、LEFT関数を使って求め、さらに文字列「・・・」を表示し、RIGHT関数を使ってコメントの末尾10文字を表示する

14	洋菓子アンケート　コメント抜粋			
15	No.	対象年代	評価	先頭10文字・・・末尾10文字
16	1	30代	3.6	中に入っているフルー・・・くて味も最高でした。
17	2	20代	3.5	手土産にいつも使って・・・く、評判も良いです。
18	3	20代	4.2	こちらのプリンは濃厚・・・とてもおいしいです。
19	4	20代	3.5	小ぶりでしたが、ﾌﾙ・・・きにはたまりません。
20	5	30代	4.0	いただいたプリンがお・・・カラメル入りで最高！
21	6	20代	3.5	夏にピッタリ。フルー・・・とても美味しいです.
22	7	40代	3.8	甘すぎずコクがあって・・・、いつも楽しみです。
23	8	40代	3.9	甘すぎないプリンなの・・・飽きずに食べれます。
24	9	50代	4.5	女性陣にお渡しするの・・・せていただきました。
25	10	30代	4.2	生クリームが甘すぎず・・・ンプルで可愛いです。

演習 6-1-5 統計学的な計算をしよう

統計の関数（MEDIAN、MODE、LARGE、SMALL、TRIMMEAN）を使って、統計学的な計算をしてみましょう。

演習内容

統計の関数を使って、統計値を求めること
① 平均、最高、最低：3 章で説明した関数を使って求め、G 列までそれぞれコピーする
② 中央値：MEDIAN 関数を使って求め、E16 から G16 までコピーする
③ 最頻値：MODE.SNGL(MODE) 関数を使って求め、E17 から G17 までコピーする
④ 20％調整平均：TRIMMEAN 関数を使って求め、E18 から G18 までコピーする
⑤ 上 2 位：LARGE 関数を使って求め、E19 から G19 までコピーする
⑥ 下 2 位：SMALL 関数を使って求め、E20 から G20 までコピーする

入力内容

	A	B	C	D	E	F	G
1		2022年度美術展審査結果					
2	美術展審査結果			出品者 1	出品者 2	出品者 3	出品者 4
3		審査員	A	10	9	8	9
4			B	7	8	7	8
5			C	8	9	9	7
6			D	7	8	7	6
7			E	7	7	8	6
8			F	5	7	6	4
9			G	6	6	6	8
10			H	8	8	7	8
11			I	7	7	7	8
12			J	9	8	7	7
13		統計値	① 平均				
14			① 最高				
15			① 最低				
16			② 中央値				
17			③ 最頻値				
18			④ 20%調整平均				
19			⑤ 上2位				
20			⑥ 下2位				
21							

	A	B	C	D	E	F	G
1		2022年度美術展審査結果					
2	美術展審査結果			出品者 1	出品者 2	出品者 3	出品者 4
3		審査員	A	10	9	8	9
4			B	7	8	7	8
5			C	8	9	9	7
6			D	7	8	7	6
7			E	7	7	8	6
8			F	5	7	6	4
9			G	6	6	6	8
10			H	8	8	7	8
11			I	7	7	7	8
12			J	9	8	7	7
13		統計値	平均	7.4	7.7	7.2	7.1
14			最高	10	9	9	9
15			最低	5	6	6	4
16			中央値	7	8	7	7.5
17			最頻値	7	8	7	8
18			20%調整平均	7.4	7.8	7.1	7.3
19			上2位	9	9	8	8
20			下2位	6	7	6	6
21							

完成イメージ

MODE.SNGL 関数は、Excel2010 から使用できる関数です。MEDIAN 関数の書式は、= MEDIAN(範囲)、MODE.SNGL（MODE）関数の書式は、= MODE.SNGL（範囲）です。

MEDIAN は、範囲のデータを昇順に並べたときの中央値で、セルの値とは限りません。MODE は、範囲のうち、最も多く出現する値（最頻値）です。どちらも、平均値とは異なり、データの性質を別の観点で見ることができます。

TRIMMEAN 関数の書式は =TRIMMEAN（配列 , 割合）です。配列は対象の範囲、割合は切り捨てる両端の合計を小数で指定します。両端を 10% ずつ切り捨てるなら合計 20% で、0.2 となります。演習の美術展審査結果のように、主観で評価をするような場合に、極端に低い値や高い値を切り捨てた範囲で平均を求めるときに使います。

LARGE 関数の書式は、= LARGE（配列, 順位)、SMALL 関数の書式は、= SMALL（配列, 順位）です。上から 3 位や、下から 2 位といった値を得ることができます。

演習 6-1-6 標準偏差と分散を求めよう

STDEV 関数（STDEV.S、STDEVP、STDEV.P）と、VAR（VAR.S、VARP、VAR.P）関数を使って、演習 3-2-2 で作成した「模擬試験得点」データに、「標本標準偏差」「標準偏差」「不変分散」「分散」を追加しましょう。

演習内容

「標本標準偏差」「標準偏差」を求めること

① 標本標準偏差：STDEV.S（STDEV）関数を使って求め、B15 から D15 までコピーする

② 標準偏差：STDEV.P（STDEVP）関数を使って求め、B16 から D16 までコピーする

「不偏分散」「分散」を求めること

③ 不偏分散：VAR.S（VAR）関数を使って求め、B17 から D17 までコピーする

④ 分散：VAR.P（VARP）関数を使って求め、B18 から D18 までコピーする

	A	B	C	D	E	F
1	模擬試験得点					
2						
3	受験番号	Word	Excel	PowerPoint	合計	
4	K0101	80	75	80	235	
5	B1210	65	50		115	
6	J0019	95	100	100	295	
7	B0120	65		80	145	
8	H0251	85	80	80	245	
9	J0198	95	90	100	285	
10	K0203	55	65	60	180	
11	合計	540	460	500	1,500	
12	平均	77	77	83	79	
13	最高	95	100	100	100	
14	最低	55	50	60	50	
15	① 標本標準偏差	15.8	17.8	15.1	15.6	
16	② 標準偏差	14.6	16.2	13.7	15.2	
17	③ 不偏分散	248.8	316.7	226.7	243.3	
18	④ 分散	213.3	263.9	188.9	230.5	
19						

完成イメージ

STDEV.S、STDEV.P、VAR.S、VAR.P は Excel2010 から使用できる関数です。STDEV.S の書式は、＝ STDEV.S(範囲)、STDEV.P の書式は、＝ STDEV.P(範囲)、VAR.S の書式は、＝ VAR.S(範囲)、VAR.P の書式は、＝ VAR.P(範囲）です。

アンケート調査の場合は、通常 STDEV.S（STDEV）関数と VAR.S（VAR）関数を使用します。標本標準偏差（STDEV.S・STDEV）は、計算時にデータ数ではなく自由度（データ数 -1) というものを用いています。標準偏差（STDEV.P・STDEV）は、データ数を用いています。アンケートのような標本抽出データの分析には、標本標準偏差を用いる方がよいとされています。同じことが不偏分散（VAR.S・VAR）と分散（VAR.P・VARP）にもいえます。標本抽出データには、「P」のない関数を使用した方がよいでしょう。

応用演習

E15 に B4 から D10 までの標本標準偏差、E16 に B4 から D10 までの標準偏差を、それぞれ求めること

E17 に B4 から D10 までの不偏分散、E18 に B4 から D10 までの分散を、それぞれ求めること

演習 6-1-7 数学的な計算をしてみよう

数学（MOD、ROUND、INT）の関数を使って、割り算の説明をするシートを作成しましょう。

演習内容

関数を使って、割り算の説明をすること
① 答え（商）　：B2をB3で割る
② 答え（商）　：ROUND関数を使い①（B4セル）を小数第３位まで表示する
③ 答え（商）　：INT関数を使い①の整数部分を求める
④ 余り（剰余）：MOD関数を使い、B2をB3で割った余りを求める

	A	B	C	D
1	割り算（除算）の説明			
2	割られる数（被除数）	10		
3	割る数（除数）	3		
4	答え（商）	① 3.333333		
5	答え（商）小数点第３位まで	② 3.333		
6	答え（商）整数のみ	③ 3	余り（剰余）	④ 1
7				

完成イメージ

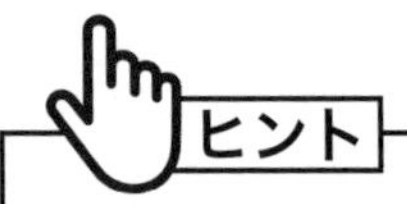

ヒント

ROUND 関数の書式は、＝ROUND（数値 , 桁数）、INT 関数の書式は、＝INT（数値）です。ROUND 関数は四捨五入を行うため、少数点以下で四捨五入する場合は正の数、整数の桁で四捨五入する場合は負の数を設定します。INT 関数は小数点以下を切り捨て、整数にします。

MOD 関数の書式は、=MOD（数値 , 除数）です。MOD 関数は、数値を被除数で割った余り(剰余）を求めます。奇数・偶数の判断などでよく使われます。数値が被除数にあたります。

応用演習

被除数や除数を変更してみること
MOD 関数を使わないで、INT 関数で剰余計算の式を作ってみること

演習 6-1-8 絶対値の計算をしてみよう

数学（ABS）の関数を使って、基準との差が絶対値で表示されるようにしましょう。

演習内容

関数を使って、基準値との差を表示すること
①基準値との差：測定値と基準値（D3）の差を求め、ABS 関数を使って絶対値表示にする

	A	B	C	D
1	基準値との差（絶対値）			
2	No.	測定値(mm)	基準値との判定（絶対値）	基準値(mm)
3	1	40.5	① 0.5	40.0
4	2	40.2	0.2	
5	3	40.6	0.6	
6	4	39.9	0.1	
7	5	40.3	0.3	
8	6	39.8	0.2	
9	7	40.1	0.1	
10	8	39.4	0.6	
11	9	40.2	0.2	
12	10	40.0	0.0	

完成イメージ

ヒント

ABS 関数は、引数で指定した数値や式の絶対値 (Absolute) を求めます。従って、-（マイナス）が表記されなくなります。

演習 6-1-9 財務的な計算をしてみよう

財務（FV、RATE、NPER、PMT）関数を使って、財務的な計算をしましょう。

演習内容

関数を使って、預金シミュレーションをすること
① 目標満期額・元金：表示形式を通貨にし、¥と３桁ごとのカンマ（,）区切りをつける
② 利率（年利%）：表示形式をパーセントにし、値もパーセントで入力する
③ (複利）定期定額預金の満期時の受取金額：FV関数を使って求める
④ 元金据置で目標額を達成するための利率：RATE関数を使って求め、表示形式をパーセント、小数点以下の桁数を２にする
⑤ 元金据置で目標額を達成するための期間（年）：NPER関数を使って求め、小数点以下の桁数を１にする

	A	B	C
1	預金シミュレーション		
2	条件	目標満期額	¥120,000
3		元金	¥100,000
4		預入期間（年）	5
5		利率（年利%）	0.30%
6	結果	（複利）定期定額預金の満期時の受取金	¥101,509
7		元金据置で目標額を達成するための利率	3.71%
8		元金据置で目標額を達成するための期間（年）	60.9
9			

完成イメージ

ヒント

FV 関数の書式は =FV(利率 , 期間 , 定期支払額 , 現在価値 , 支払期日）です。
RATE 関数の書式は =RATE(期間 , 定期支払額 , 現在価値 , 将来価値 , 支払期日 , 推定値）です。
NPER 関数の書式は =NPER(利率 , 定期支払額 , 現在価値 , 将来価値 , 支払期日) です。
各関数の「利率」はパーセント、「期間」は年です。「現在価値」は元金をマイナスにします。「支払期日」以降の引数は省略可能です。
PMT 関数の書式は =PMT(利率 , 期間 , 現在価値 , 将来価値 , 支払期日) です。「利率」はパーセント、「期間」は総返済回数です。「現在価値」は借入金をマイナスにします。「支払期日」は省略可能です。

応用演習

関数を使って、ローンシミュレーションをすること
① 借入金 ：表示形式を通貨にし、¥と３桁ごとのカンマ（,）区切りをつける
② 利子（年利%）：表示形式をパーセント、小数点以下の桁数を２にする
③ 返済回数：毎月返済のため、返済期間（年）（C4）を 12 倍する
④ 返済月額：PMT 関数を使って求め、表示形式を通貨にする
⑤ 総支払額：返済月額に返済回数をかける

※以下の完成例では「総支払額」は、「返済月額」の小数点以下の端数を含めて求めていますが、実際には端数を考慮して計算する必要があります。

	A	B	C
1	ローンシミュレーション		
2	条件	借入金	¥250,000
3		利子（年利%）	8.00%
4		返済期間（年）	3
5		返済回数	36
6	結果	返済月額	¥7,834
7		総支払額	¥282,027
8			

6-2 応用のグラフ

３章で演習した基本のグラフのほか、データの特徴や関係を把握したり、可視化するさまざまな発展的なグラフの例を演習します。

演習 6-2-1 散布図を作成しよう

次のデータを入力し、散布図を作成しましょう。

演習内容

得点の散布図を作成すること
① 散布図：範囲を指定し、散布図（点だけの）を選択する
② X 軸、Y 軸：どちらも目盛の最小値を 50 にする
③ X 軸目盛線：縦（X）軸の目盛線を表示する
④ 近似曲線:［レイアウト］の［近似曲線］から［線形近似曲線］を選択し、次の近似曲線（直線）を表示する

入力内容

	A	B	C	D	E	F	G	H	I	J	K	L	M	N	O	P	Q	R
前期	75	80	72	68	86	85	70	72	67	84	60	55	66	58	97	95	92	72
後期	80	82	84	78	92	80	75	82	88	76	63	52	58	62	95	86	79	71

※グラフを作成した直後は、自動的に目盛が設定されます。このグラフでは、前期と後期どちらも 100 点満点と想定して、最大値を 100 に合わせておきます。さらに、最小値を 50 に変更します。

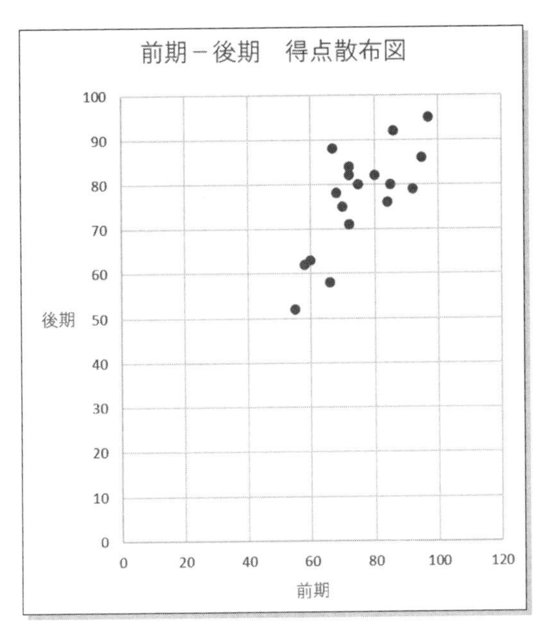

作成直後

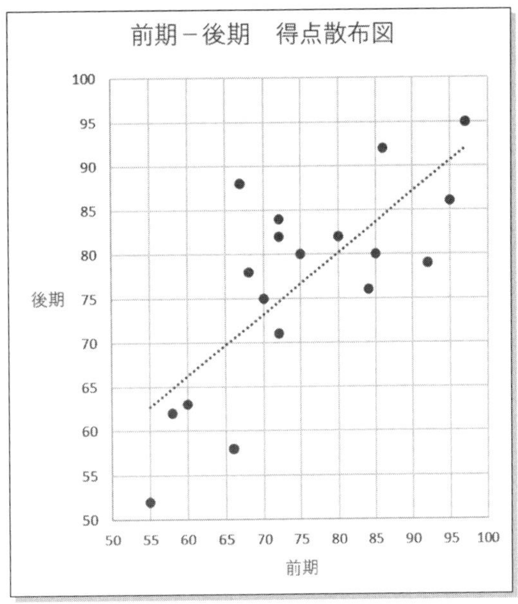

完成イメージ

散布図はデータが寄ってしまうことがあるので、今回のように最小値を手動で変更して見やすくします。Excel2010 までは、目盛線は［レイアウト］タブの [軸] グループにある [目盛線] で指定します。縦軸と横軸のラベルを表示します。［グラフのデザイン］タブの [クイックレイアウト] の [レイアウト 10] を指定すると簡単にできます。

Excel2013 以降では、X 軸目盛線も自動的に表示されます。

散布図は、2 つのデータの関係性を見るのに、最も簡単なグラフです。

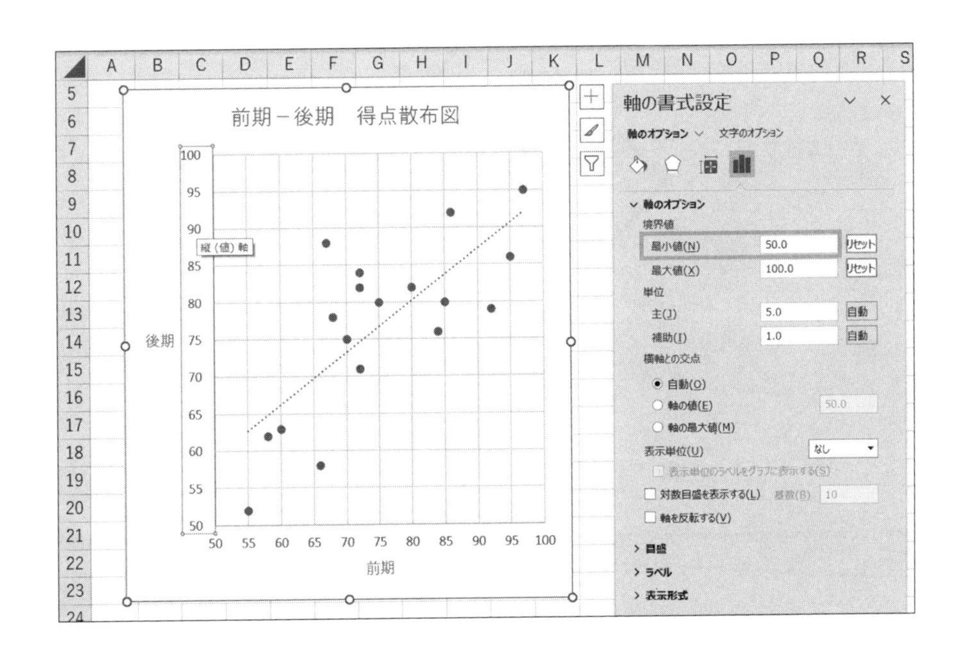

演習 6-2-2 レーダーチャートを作成しよう

次のデータを入力し、測定値／平均値を計算してレーダーチャートを作成しましょう。

演習内容

測定値のレーダーチャートを作成すること
① 測定値／平均値：測定値を平均値で割り、100 をかける
② レーダーチャート：範囲指定をし、マーカー付きレーダーを選択する
③ 縦軸：最小値を 85.0、最大値を 120.0 にする

入力内容

		体重	身長	胸囲	胴囲	足の大きさ
男性	平均値	59.5	170.6	84.1	70.3	25.3
	測定値	68.5	175.6	90.6	68.5	27.6
	測定値／平均値					
女性	平均値	53.5	158.6	83.0	65.9	23.4
	測定値					
	測定値／平均値					

出典　河内まき子，持丸正明，岩澤洋，三谷誠二（2000）：
　　　日本人人体寸法データベース 1997-98，通商産業省工業技術院くらしと JIS センター

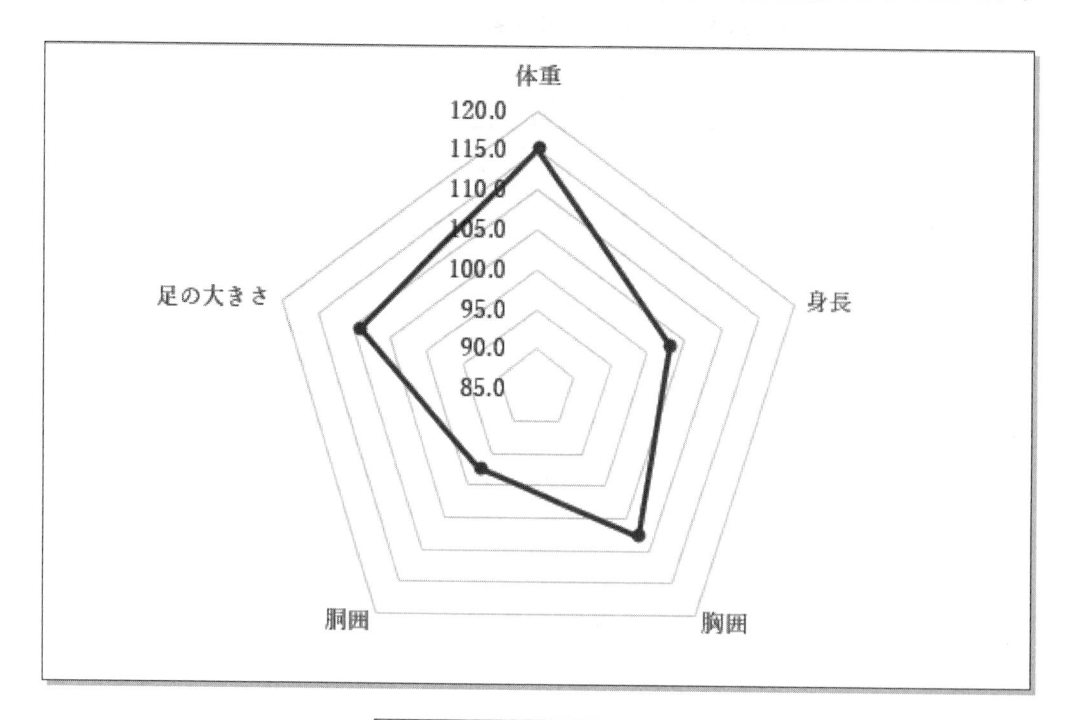

完成イメージ

ヒント

レーダーチャートは、データのバランスを見るのに、最も簡単なグラフです。このようなデータ処理をした結果は、工業製品（衣料品や家具など）のサイズを設計するときに使われます。実際の値と比較することで、適切な製品を選択することができます。

レーダーチャートは項目が同じ数値軸を取るため、大きさが違うデータで作成する場合、何らかのデータ変換が必要になります。今回は、測定値を平均値で割って、平均との割合に変換しています。100をかけているのは、見やすくするためです。

系列が1つのときは凡例表示を削除しておきましょう。

応用演習

女性の測定値も入力し、測定値／平均値を計算し、男性と女性のデータ両方が表示されるレーダーチャートを作成すること

演習 6-2-3 株価チャートを作成しよう

次のデータを入力し、株価チャートを作成しましょう。

演習内容

株価チャートを作成すること
① 株価チャート………範囲選択をし、［株価］から［株価チャート（出来高ー始値ー高値ー安値ー終値)］を選択する
② 数値軸………………最大値を 5000 にして、出来高と株価が重ならないようにする
③ 第２数値軸…………最小値を 1000 にする

入力内容

日付	出来高	始値	高値	安値	終値
06/01	686	1480	1550	1400	1510
06/02	975	1510	1600	1450	1500
06/03	2185	1500	1620	1430	1450
06/04	1735	1450	1500	1400	1500
06/05	1099	1500	1820	1600	1680

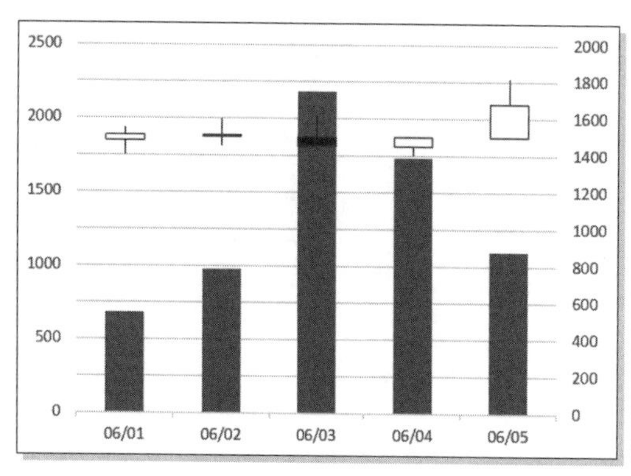

作成直後

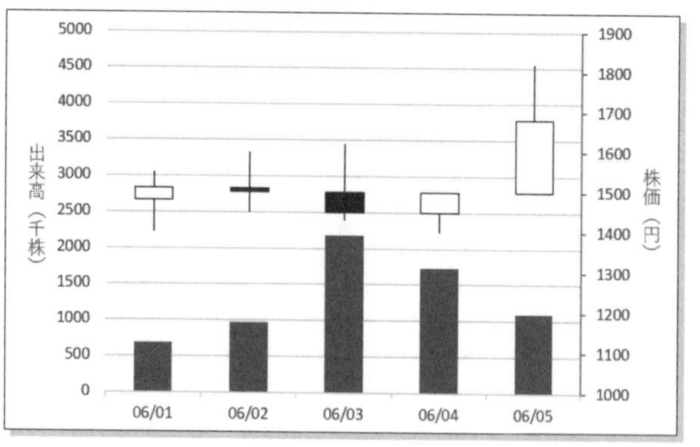

完成イメージ

ヒント

株価チャートは、株価の変動を表すグラフです。これとよく似たものに、箱ひげ図がありますが、まったく異なるグラフです。

［株価チャート（出来高ー始値ー高値ー安値ー終値)］は、データがこの順番になっている必要があります。出来高と株価が重なって見にくい場合は、②のように数値軸の最大値を変更します。特に始値と終値の差がなく、ローソク部分が小さいデータがある場合、重なると見えなくなってしまうことがあるので注意します。

演習 6-2-4 複合グラフを作成しよう

次のデータを入力し、複合グラフを作成しましょう。

演習内容

年間降水量と平均気温の複合グラフを作成すること
① 縦棒グラフ：最初にすべての要素で縦棒グラフを作成する
② 折れ線グラフへの変更：折れ線（第２軸）にしたい要素を、折れ線グラフに変更する
③ 第２軸：折れ線グラフにした要素は、右側の第２軸を目盛りとするように設定する
④左の軸の最大値を、3000 とする
⑤第２軸の最小値を、−10 とする
⑥ テキストボックスで単位（mm）を表示する
⑦ テキストボックスで単位（℃）を表示する

入力内容

年	年間降水量 (mm)		平均気温 (℃)	
	札幌	東京	札幌	東京
平成 20 年	843.0	1875.5	9.5	16.4
平成 21 年	1147.0	1801.5	9.4	16.7
平成 22 年	1325.0	1679.5	9.8	16.9
平成 23 年	1253.5	1479.5	9.3	16.5
平成 24 年	1297.0	1570.0	9.3	16.3
平成 25 年	1347.0	1614.0	9.2	17.1
平成 26 年	1203.5	1808.0	9.3	16.6

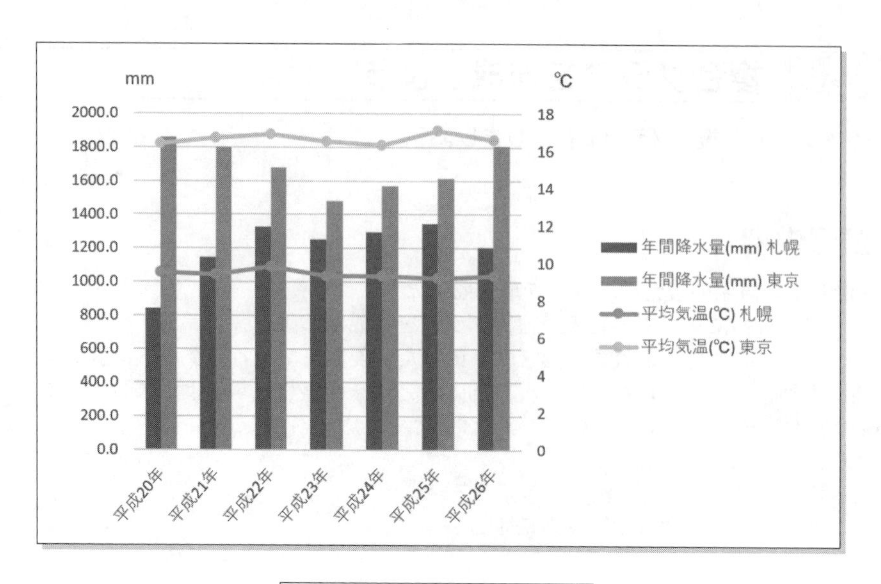

作成直後

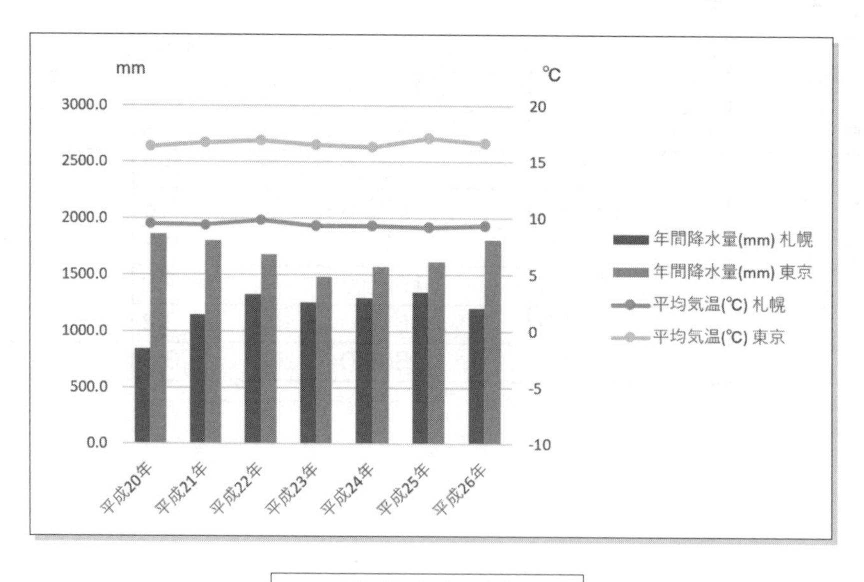

完成イメージ

Excel2010までは、既にある要素のグラフ種類を変更するには、要素を選択し、[デザイン] タブの [グラフの種類の変更] で変更します。さらに [データ系列の書式設定] の [系列のオプション] で [第２軸] を選択すると、右側に第２軸が現れます。Excel2013以降では [おすすめグラフ] を使うことで、より簡単に重ね合わせグラフを作成できるようになりました。[挿入] タブの [おすすめグラフ] ボタンを選択し、[おすすめグラフ] ダイアログの [すべてのグラフ] タブから [組み合わせ] を選択し、[集合縦棒 - 第２軸の折れ線] を選択します。

演習 6-2-5 パレート図を作成しよう

次のデータを入力し、パレート図を作成しましょう。

演習内容

おにぎり販売個数のパレート図を作成すること
① 個数の並べ替え：降順に並べ替える
② 構成比：個数の合計を出し、各販売個数が占める割合を出す
③ 累積個数：降順の個数の合計を計算する
④ 累積構成比：累計個数の構成比を計算する
⑤ パレート図：個数と累計構成比の重ね合わせグラフを作成する

入力内容

具	個数
こんぶ	11
サーモン	40
おかか	99
明太子	111
しゃけ	145
たらこ	70
ツナマヨ	134
ぶたキムチ	3
うめ	7
とりそぼろ	28

	A	B	C	D	E	F
1	おにぎり販売個数		①	②	③	④
2		具	個数	構成比	累積個数	累積構成比
3		しゃけ	145	22.4%	145	22.4%
4		ツナマヨ	134	20.7%	279	43.1%
5		明太子	111	17.1%	390	60.2%
6		おかか	99	15.3%	489	75.5%
7		たらこ	70	10.8%	559	86.3%
8		サーモン	40	6.2%	599	92.4%
9		とりそぼろ	28	4.3%	627	96.8%
10		こんぶ	11	1.7%	638	98.5%
11		うめ	7	1.1%	645	99.5%
12		ぶたキムチ	3	0.5%	648	100.0%
13		合計	648			

14
15
16
17
18
19
20
21
22
23
24
25
26
27
28
29
30
31

⑤

おにぎり販売個数

個数

160
140
120
100
80
60
40
20
0

100%
90%
80%
70%
60%
50%
40%
30%
20%
10%
0%

しゃけ
ツナマヨ
明太子
おかか
たらこ
サーモン
とりそぼろ
こんぶ
うめ
ぶたキムチ

完成イメージ

ヒント

パレート図は、個数の棒グラフと累積構成比の折れ線グラフを重ね合わせたグラフです。ABC分析などに使用します。

具と個数の範囲を選択してから Ctrl キーを押しながら累積構成比の範囲を選択すると、離れているデータも一度に選択指定することができます。

6-3 データ操作の応用

ここでは、Excel の集計機能であるピボットテーブルについて演習します。
ピボットテーブルを活用して、項目ごとに表形式の集計をすることができます。

演習 6-3-1 アウトライン集計をしてみよう

ここでは、Excel の集計機能を練習します。集計機能を使うと、項目ごとの合計などを計算できます。アウトライン集計をして項目ごとの集計をしましょう。

演習内容

日付ごとの売上の集計をすること
集計………「日付」を基準にして、「売上金額」を集計する

	A	B	C	D	E	F	G
1	アイスクリーム店売上データ						
2							
3	日付	店舗	商品コード	商品名	単価	売上個数	売上金額
4	5/3	本店	D001	いちご	¥50	190	¥9,500
5	5/3	本店	D002	バニラ	¥30	203	¥6,090
6	5/3	本店	D003	チョコミント	¥40	148	¥5,920
7	5/3	駅前店	D001	いちご	¥50	278	¥13,900
8	5/3	駅前店	D002	バニラ	¥30	243	¥7,290
9	5/3	駅前店	D003	チョコミント	¥40	237	¥9,480
10	**5/3 集計**						¥52,180
11	5/4	本店	D001	いちご	¥50	178	¥8,900
12	5/4	本店	D002	バニラ	¥30	189	¥5,670
13	5/4	本店	D003	チョコミント	¥40	143	¥5,720
14	5/4	駅前店	D001	いちご	¥50	256	¥12,800
15	5/4	駅前店	D002	バニラ	¥30	261	¥7,830
16	5/4	駅前店	D003	チョコミント	¥40	207	¥8,280
17	**5/4 集計**						¥49,200
18	5/5	本店	D001	いちご	¥50	356	¥17,800
19	5/5	本店	D002	バニラ	¥30	293	¥8,790
20	5/5	本店	D003	チョコミント	¥40	299	¥11,960
21	5/5	駅前店	D001	いちご	¥50	405	¥20,250
22	5/5	駅前店	D002	バニラ	¥30	328	¥9,840
23	5/5	駅前店	D003	チョコミント	¥40	347	¥13,880
24	**5/5 集計**						¥82,520
25	**総計**						¥183,900

完成イメージ

入力内容

日付	店舗	商品コード	商品名	単価	売上個数	売上金額
5/2	本店	D001	いちご	50	190	
5/3	本店	D002	バニラ	30	203	
5/3	本店	D003	チョコミント	40	148	
5/3	駅前店	D001	いちご	50	278	
5/3	駅前店	D002	バニラ	30	243	
5/3	駅前店	D003	チョコミント	40	237	
5/4	本店	D001	いちご	50	178	
5/4	本店	D001	バニラ	30	189	
5/4	本店	D001	チョコミント	40	143	
5/4	駅前店	D001	いちご	50	256	
5/4	駅前店	D002	バニラ	30	261	
5/4	駅前店	D003	チョコミント	40	207	
5/5	本店	D001	いちご	50	356	
5/5	本店	D002	バニラ	30	293	
5/5	本店	D003	チョコミント	40	299	
5/5	駅前店	D001	いちご	50	405	
5/5	駅前店	D002	バニラ	30	328	
5/5	駅前店	D003	チョコミント	40	347	

Excel2003までは「集計」という名称でしたが、Excel2007からは「小計」となっています。Excelでは、[データ] タブの [アウトライン] グループにある [小計] を選択すると、[集計の設定] ダイアログが表示されます。[グループの基準] で指定する変数が、小計で区切る項目になります。[集計するフィールド] で指定する変数が、集計される内容になります。

集計の左にある 1 2 3 をクリックして、表示を変更できます。
1.総計のみの表示
2.集計と総計の表示
3.データも表示

集計では、[グループの基準]に指定する変数でデータが並べ替えられている必要があります。集計を変更する場合は、一度集計を解除して、並べ替えてから、再度集計します。

集計状態を解除するには[アウトライン]グループの[小計]をクリックし、[すべて削除]をチェックします。

応用演習

1. 集計の表示を、次のように集計部分と総計だけの表示に変更すること

	A	B	C	D	E	F	G
1	アイスクリーム店売上データ						
2							
3	日付	店舗	商品コード	商品名	単価	売上個数	売上金額
10	5/3 集計						¥52,180
17	5/4 集計						¥49,200
24	5/5 集計						¥82,520
25	総計						¥183,900

2. 集計を一度解除し、店舗別の集計を作成すること

	A	B	C	D	E	F	G
1	アイスクリーム店売上データ						
2							
3	日付	店舗	商品コード	商品名	単価	売上個数	売上金額
4	5/3	本店	D001	いちご	¥50	190	¥9,500
5	5/3	本店	D002	バニラ	¥30	203	¥6,090
6	5/3	本店	D003	チョコミント	¥40	148	¥5,920
7	5/4	本店	D001	いちご	¥50	178	¥8,900
8	5/4	本店	D002	バニラ	¥30	189	¥5,670
9	5/4	本店	D003	チョコミント	¥40	143	¥5,720
10	5/5	本店	D001	いちご	¥50	356	¥17,800
11	5/5	本店	D002	バニラ	¥30	293	¥8,790
12	5/5	本店	D003	チョコミント	¥40	299	¥11,960
13		本店 集計					¥80,350
14	5/3	駅前店	D001	いちご	¥50	278	¥13,900
15	5/3	駅前店	D002	バニラ	¥30	243	¥7,290
16	5/3	駅前店	D003	チョコミント	¥40	237	¥9,480
17	5/4	駅前店	D001	いちご	¥50	256	¥12,800
18	5/4	駅前店	D002	バニラ	¥30	261	¥7,830
19	5/4	駅前店	D003	チョコミント	¥40	207	¥8,280
20	5/5	駅前店	D001	いちご	¥50	405	¥20,250
21	5/5	駅前店	D002	バニラ	¥30	328	¥9,840
22	5/5	駅前店	D003	チョコミント	¥40	347	¥13,880
23		駅前店 集計					¥103,550
24		総計					¥183,900

3. 2 で作成した集計を一度解除し、次のような集計を作成すること

	A	B	C	D	E	F	G
1	アイスクリーム店売上データ						
2							
3	日付	店舗	商品コード	商品名	単価	売上個数	売上金額
10				いちご 集計		1663	¥83,150
17				バニラ 集計		1517	¥45,510
24				チョコミント 集計		1381	¥55,240
25				総計		4561	¥183,900

演習 6-3-2 ピボットテーブルを利用してみよう

「アイスクリーム店売上データ」を使用して、店舗、商品別売上個数のピボットテーブルを作成しましょう。

演習内容

店舗別、商品別売上個数のピボットテーブルを作成すること

① 行……………リストから「店舗」を選択する
② 列……………リストから「商品名」を選択する
③ データ………リストから「売上個数」をドラッグする
④ 列の表示順…「いちご」「バニラ」「チョコミント」の順に変更する
⑤ 表示形式……カンマ（,）区切りにする

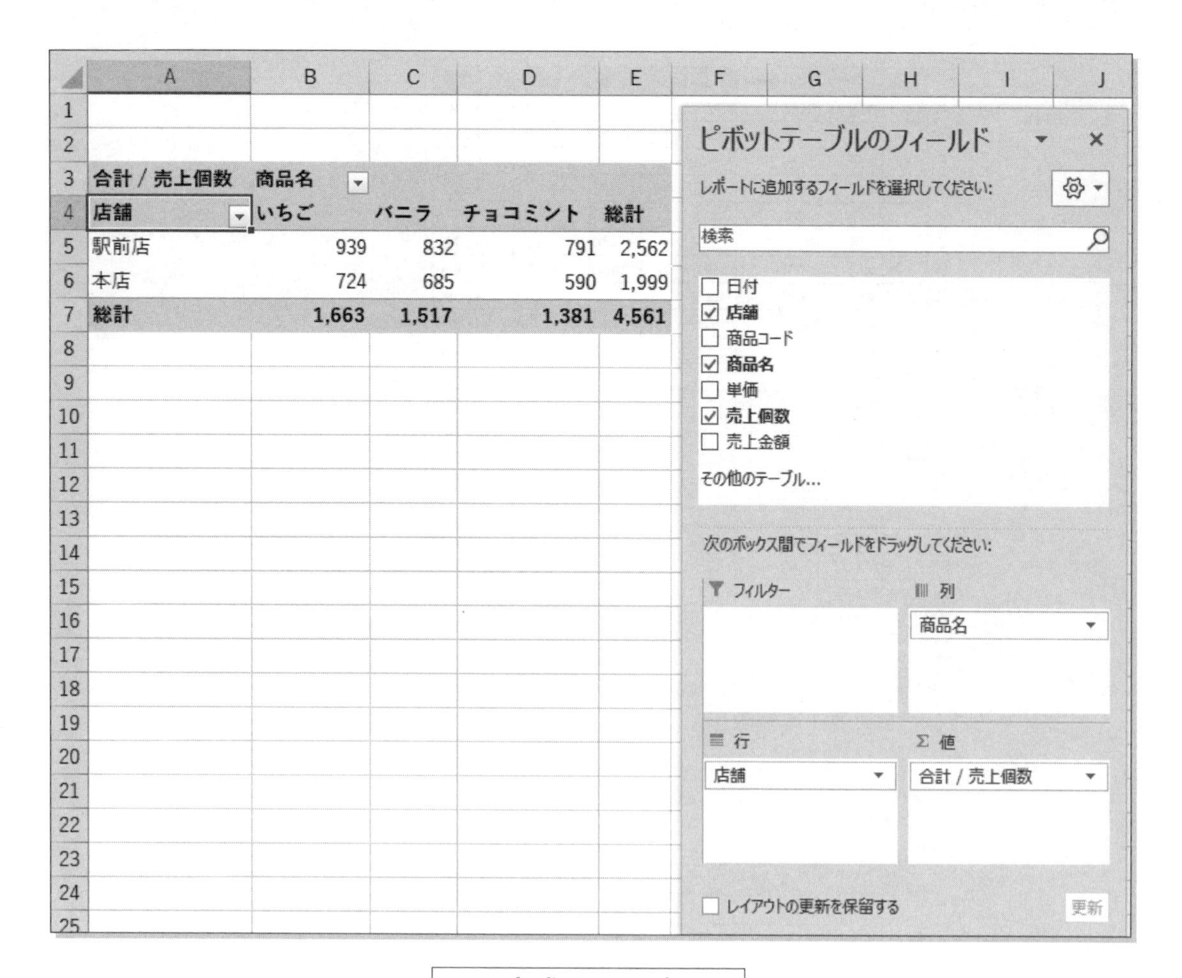

完成イメージ

ピボットテーブルは、データの範囲内にアクティブセルがあれば、自動でデータ範囲を認識します。範囲内にアクティブセルがある状態で、［挿入］タブの［テーブル］グループにある［ピボットテーブル］をクリックします。

集計方法や表示形式を変更するには、［ピボットテーブル分析］タブにある［アクティブなフィールド］グループの［フィールドの設定］で行います。

ピボットグラフは、［ピボットテーブル分析］タブにある［ツール］グループの［ピボットグラフ］で行います。

応用演習

1. 商品別のかわりに日付別に変更してみること
2. 店舗・商品別売上金額の平均が表示されるピボットテーブルを作成すること
3. ピボットテーブルを使用して、集合縦棒グラフを作成すること

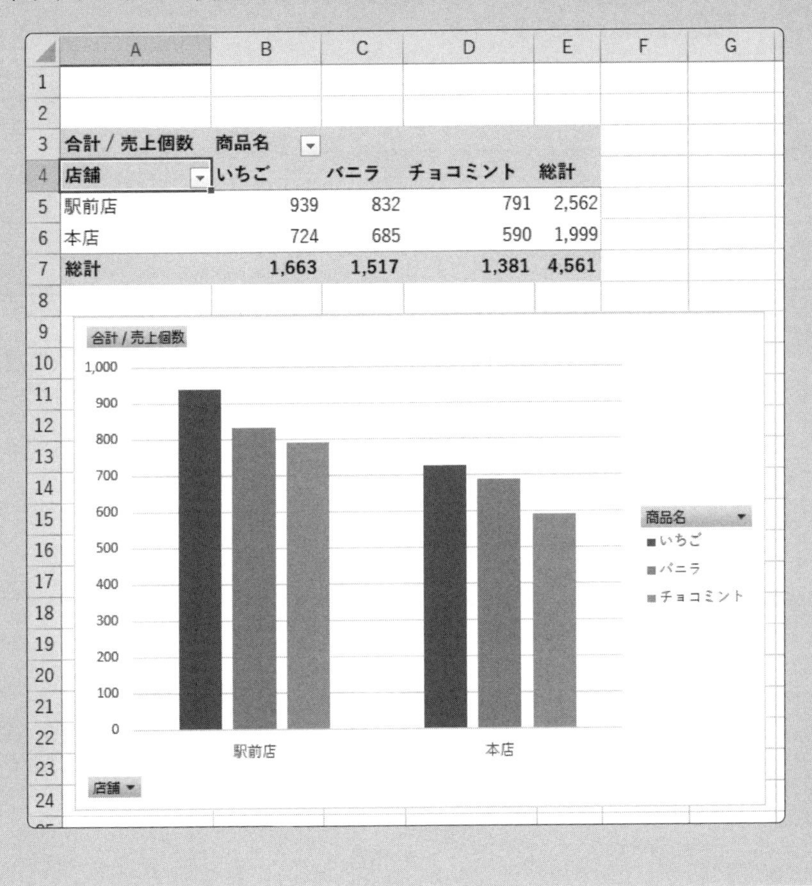

合計 / 売上個数	商品名			
店舗	いちご	バニラ	チョコミント	総計
駅前店	939	832	791	2,562
本店	724	685	590	1,999
総計	1,663	1,517	1,381	4,561

演習 6-3-3 入力規則を設定しよう

演習 6-1-1 で作成した表で、商品番号以外の数値が入力できないように、入力規則を設定しましょう。

演習内容

1．設定条件：商品番号に整数で 1 ～ 24 までの値しか入力できないようにすること
2．エラーメッセージ：1で設定した条件以外の値が入力された場合に表示されるエラーメッセージのタイトルとメッセージを設定すること

商品番号	分類	品名	単価	わさび
90	#N/A	#N/A	#N/A	#N/A

商品番号エラー

入力された値は、商品番号の範囲外です。
商品番号は1～24までです。

再試行(R)　キャンセル　ヘルプ(H)

完成イメージ

ヒント

Excel の入力規則は、[データ] タブの [データツール] グループにある [データの入力規則] から行います。条件は [設定] タブで、表示されるメッセージは [エラーメッセージ] タブで設定します。

データの入力規則

設定　入力時メッセージ　エラー メッセージ　日本語入力

条件の設定
入力値の種類(A):
整数
☑ 空白を無視する(B)
データ(D):
次の値の間
最小値(M):
1
最大値(X):
24
☐ 同じ入力規則が設定されたすべてのセルに変更を適用する(P)

すべてクリア(C)　OK　キャンセル

6-4 Word との連携操作

表やグラフを文書データに貼り付けることで作業の効率を高めます。
ここでは、Excel の表やグラフを Word に貼り付ける方法を演習します。

演習 6-4-1 Excel の表を Word に貼り付けよう

演習 3-4-4 で作成した「受験者数」の表を Word に貼り付けましょう。

演習内容

1.Excel のコピーしたい部分を範囲選択し、コピーすること
2.Word を起動し、貼り付けたい場所に貼り付けること

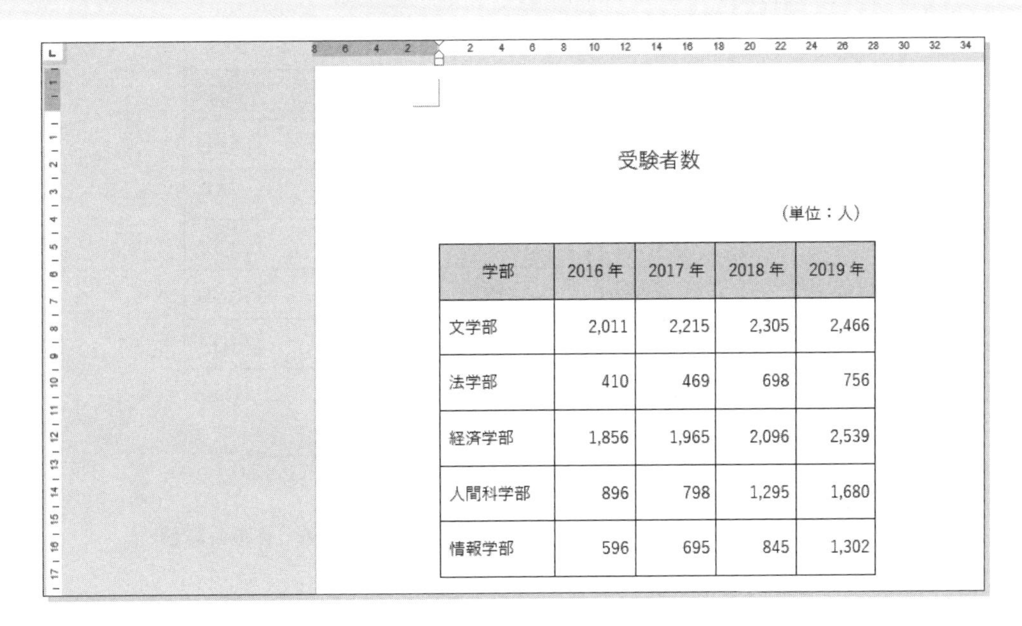

受験者数

（単位：人）

学部	2016 年	2017 年	2018 年	2019 年
文学部	2,011	2,215	2,305	2,466
法学部	410	469	698	756
経済学部	1,856	1,965	2,096	2,539
人間科学部	896	798	1,295	1,680
情報学部	596	695	845	1,302

完成イメージ

ヒント

Excel の表をコピーして Word に貼り付けをすると、表は Word の表形式として貼り付けられます。Word の表として編集が可能ですが、Excel のデータと連携しているわけではないので、Excel のデータが編集されるわけではありません。

Word の［貼り付け］ボタンの［形式を選択して貼り付け］をクリックすると表示される一覧から［リンク貼り付け］を選択すれば、Excel と連携がなされ、Excel の表を編集すると Word の表でも値が変更されます。

応用演習

Excel のデータと連携するように貼り付けて、値を変更してみること

演習 6-4-2 グラフを Word に貼り付けよう

演習 3-4-4 で作成した「受験者数」のグラフを Word に貼り付けましょう。

演習内容

1.Excel でコピーしたいグラフをコピーすること
2.Word を起動して、貼り付けたい場所に貼り付けること

受験者数

（単位：人）

学部	2016年	2017年	2018年	2019年
文学部	2,011	2,215	2,305	2,466
法学部	410	469	698	756
経済学部	1,856	1,965	2,096	2,539
人間科学部	896	798	1,295	1,680
情報学部	596	695	845	1,302

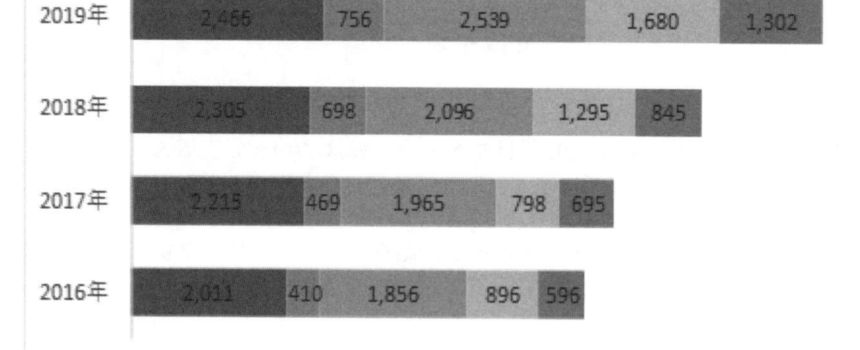

完成イメージ

この方法で貼り付けると「グラフィックオブジェクト」という編集可能な形式で貼り付けられます。文書内で任意の位置に動かそうとすると、予期せぬ動きをすることがあります。そのような場合は「拡張メタファイル」形式で貼り付けると、リンクのない図として貼り付くので、任意の位置への移動や大きさの変更が楽になります。

Word で「拡張メタファイル」形式で貼り付ける場合は、[ホーム]タブの[クリップボード]グループの［貼り付け］から［形式を選択して貼り付け］で［図（拡張メタファイル)］を選択します。貼り付けたグラフを自由に動かしたいときは、貼り付けたグラフをクリックし、[書式］タブの［文字列の折り返し］から［前面］に変更します。

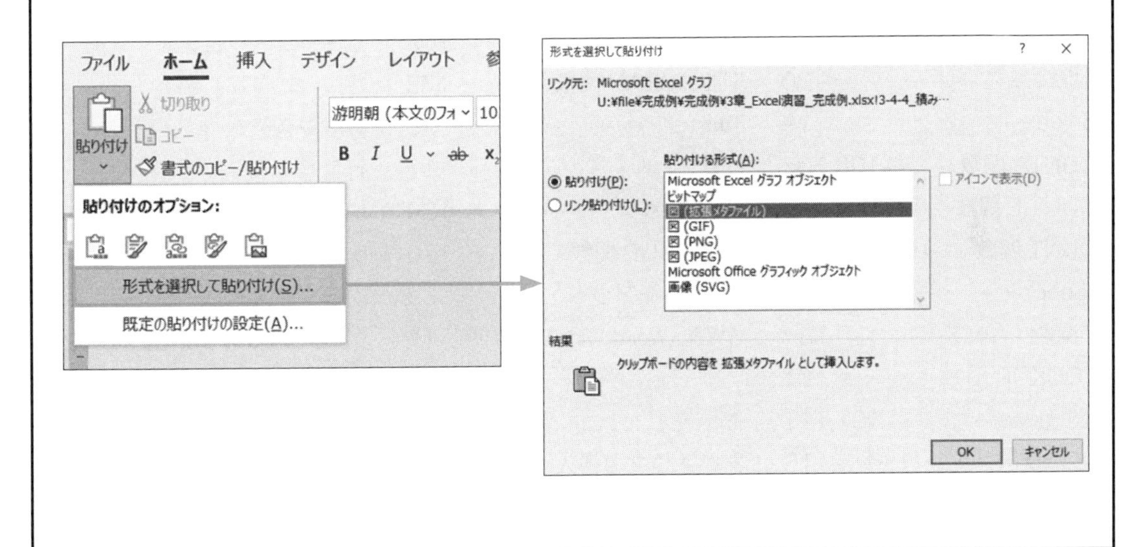

応用演習

Excel のデータと連携しないように貼り付けてみること

索引

■英数字

■あ行

■か行

■さ行

Windows マウスポインターの形状

■ Windows 共通

1		通常の選択
2		領域の選択／図形、グラフなどの描画
3		カーソルの移動／文字列の選択
4		手書き
5	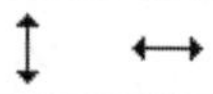	上下に拡大・縮小／左右に拡大・縮小
6		斜めに拡大・縮小
7	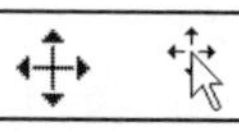	図、図形、セルなどの選択、移動
8		リンクの選択

■ Word 利用時

9		行の選択
10	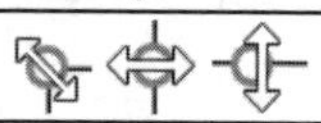	サイズ変更
11		回転ハンドルの選択
12		コピー
13	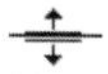	表、行の高さ調整
14		表、列の幅調整
15		表、列の選択
16		表、行の選択
17		表、セルの選択

■ Excel 利用時

18		セルの選択
19		フィルハンドル
20	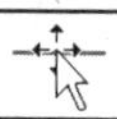	セルの移動
21	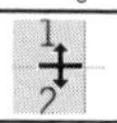	行の高さ調整
22	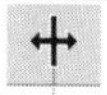	列の幅調整

付録「特殊なローマ字・カナ 対応表」(MS-IME 対応)

ァ LA	ィ LI	ゥ LU	ェ LE	ォ LO
キャ KYA	キィ KYI	キュ KYU	キェ KYE	キョ KYO
クァ QA	クィ QI		クェ QE	クォ QO
シャ SYA	シィ SYI	シュ SYU	シェ SYE	ショ SYO
チャ TYA CHA CYA	チィ TYI CYI	チュ TYU CHU CYU	チェ TYE CHE CYE	チョ TYO CHO CYO
ツァ TSA	ツィ TSI		ツェ TSE	ツォ TSO
テャ THA	ティ THI	テュ THU	テェ THE	テョ THO
トァ TWA	トィ TWI	トゥ TWU	トェ TWE	トォ TWO
ニャ NYA	ニィ NYI	ニュ NYU	ニェ NYE	ニョ NYO
ヒャ HYA	ヒィ HYI	ヒュ HYU	ヒェ HYE	ヒョ HYO
ファ FA	フィ FI		フェ FE	フォ FO
フャ FYA	フィ FYI	フュ FYU	フェ FYE	フョ FYO
ミャ MYA	ミィ MYI	ミュ MYU	ミェ MYE	ミョ MYO

ャ LYA		ュ LYU		ョ LYO
ワ WA	ウィ WI		ウェ WE	ヲ WO
ギャ GYA	ギィ GYI	ギュ GYU	ギェ GYE	ギョ GYO
グァ GWA	グィ GWI	グゥ GWU	グェ GWE	グォ GWO
ジャ ZYA JA JYA	ジィ ZYI JYI	ジュ ZYU JU JYU	ジェ ZYE JE JYE	ジョ ZYO JO JYO
ヂャ DYA	ヂィ DYI	ヂュ DYU	ヂェ DYE	ヂョ DYO
デャ DHA	ディ DHI	デュ DHU	デェ DHE	デョ DHO
ドァ DWA	ドィ DWI	ドゥ DWU	ドェ DWE	ドォ DWO
ビャ BYA	ビィ BYI	ビュ BYU	ビェ BYE	ビョ BYO
ピャ PYA	ピィ PYI	ピュ PYU	ピェ PYE	ピョ PYO
ヴァ VA	ヴィ VI	ヴ VU	ヴェ VE	ヴォ VO
ヴャ VYA	ヴィ VYI	ヴュ VYU	ヴェ VYE	ヴョ VYO

キーボードの使い方

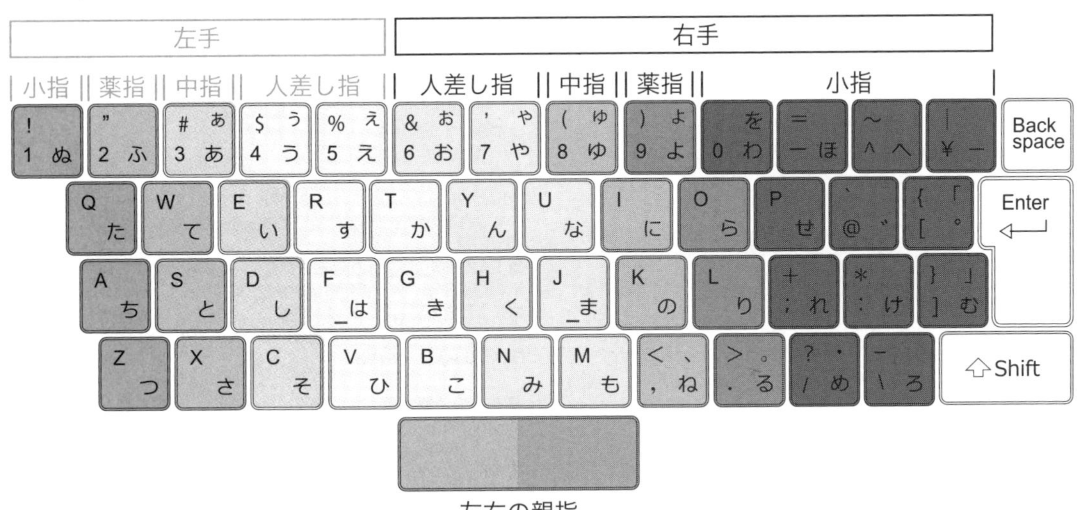

■監修者紹介
高橋　尚子
1980年東京女子大学文理学部数理学科卒業。在学中に女子大初のマイコンクラブを結成。卒業後、女性SE第一期生として富士通入社、その後、アスキーでのビジネスパソコンスクール開校、OAインストラクター、テクニカルライターなどを経てナウハウス(有)として独立。1995年から大学でPCスキルの非常勤講師を始め、2007年から國學院大學経済学部で情報教育に携わる。Office系アプリケーションや情報リテラシー、IT系資格検定、マニュアル制作に関する著書多数。2019年から情報処理学会理事。

■著者紹介
木野　富士男
1993年國學院大學文学部文学科卒業。異業種から情報システム業界に転身。企業内のシステム開発を経て、インターネットを利用したシステム提案と開発・サーバー運用、携帯電話向けサービスの開発・運用などを行う。独立後、株式会社B.B.C.設立。コンピュータ教育とシステム開発に携わる。現在、國學院大學などにて講師。

■課題資料協力
久留主　みゆき
1985年追手門学院大学文学部英米語学文学科卒業。PCインストラクターとして富士通FOMに入社、PC教育に従事。その後フリーランスで企業研修、職業訓練、大学の資格講座を多数担当。現在、國學院大學、東京観光専門学校などにて講師。

井本　浩子
1988年慶應義塾大学法学部政治学科卒業。企業で人事、情報システム開発、国の指定情報処理機関でシステム開発と運用を担当。現在、上場企業勤務と並行して、国家資格キャリアコンサルタントとして活動中。

■装丁・本文デザイン・レイアウト
玉野　規行（株式会社 リオ）

■協力会社
株式会社 リオ

■参考文献
[1] 情報処理学会 , カリキュラム標準一般情報処理教育（GE）
https://www.ipsj.or.jp/annai/committee/education/j07/ed_j17-GE.html
[2]「超スマート社会における情報教育の在り方に関する調査研究」
https://www.mext.go.jp/a_menu/koutou/itaku/1386892.htm
[3]「超スマート社会における情報教育カリキュラム標準の策定に関する調査研究」
https://www.mext.go.jp/a_menu/koutou/itaku/1407590.htm

[演習] アカデミックスキルとしてのICT活用　第2版

2020年　3月　6日　初　版　第1刷発行
2023年　3月　3日　第2版　第1刷発行
2024年　4月17日　第2版　第2刷発行

監修者　高橋　尚子
著　者　木野　富士男
発行者　片岡　巌
発行所　株式会社技術評論社
東京都新宿区市谷左内町21-13
電話　03-3513-6150　販売促進部
03-3513-6166　書籍編集部
印刷／製本　昭和情報プロセス株式会社

定価はカバーに表示してあります。

造本には細心の注意を払っておりますが、万一、乱丁（ページの乱れ）や落丁（ページの抜け）がございましたら、小社販売促進部までお送りください。送料小社負担にてお取り替えいたします。

ISBN978-4-297-13338-2 C3055
Printed in Japan

■本書の内容に関するお問い合わせについて
本書に関するご質問については、本書に記載されている内容に関するもののみとさせていただきます。本書の内容を超えるものや、本書の内容と関係のないご質問につきましては、一切お答えできませんので、あらかじめご了承ください。また、電話でのご質問は受け付けておりませんので、ウェブの質問フォームにてお送りください。FAXまたは書面でも受け付けております。ご質問の際に記載いただいた個人情報は、質問の返答以外の目的には使用いたしません。また、質問の返答後は速やかに削除させていただきます。

■質問フォームのURL
https://gihyo.jp/book/2023/978-4-297-13338-2
※本書内容の訂正・補足についても上記URLにて行います。

■ FAXまたは書面の宛先
〒162-0846　東京都新宿区市谷左内町21-13
株式会社技術評論社　書籍編集部
「[演習] アカデミックスキルとしてのICT活用　第2版」係
FAX：03-3513-6183

■本書のご購入等に関するお問い合わせについて
本書のご購入等に関するお問い合わせは下記にて受け付けております。
〒162-0846　東京都新宿区市谷左内町21-13
株式会社技術評論社　販売促進部　法人営業担当
TEL：03-3513-6158　　FAX：03-3513-6051
Email：houjin@gihyo.co.jp